15分都市

人にやさしいコンパクトな街を求めて

カルロス・モレノ

小林重裕 訳

Droit de cité
De la « ville-monde »
à la « ville du quart d'heure »
Carlos Moreno

柏書房

15分都市

人にやさしいコンパクトな街を求めて

目次

序文

本書は革新的であるとともに、未来への希望に満ちた書である。

著者カルロス・モレノは、「都市の権利」とは「都市に生きる権利」のことだと言う。このシンプルな宣言はどんなことを意味するのであろうか。彼は、都市の「密度」と「距離」という二つの要素を厳密に区別して考えるように提案する。「密度」は都市の強みである一方、「距離」は都市化による弊害である。

都市圏において人々や建物の密度が高まれば、その結果として経済が発展し、さまざまな新規事業が生まれることだろう。企業や個人は競争や協力を通じて、さまざまな相乗効果を生み出すこととなる。つまり、それぞれがばらばらに活動するよりも、大きな効果が得られるというわけだ。密度が高まればさまざまな人たちがお互いに影響を与え合いながら、個人の総和よりも、さらに大きなことを成し遂げることができる。また人口の密度は、民主主義の前提となる。つまり古代ギリシャにおける交流の場であるアゴラと同様、現代都市において活発な議論や意見交換が行われるためには、同じ場所に多くの人が集う必要がある。

その一方、「距離」は都市化の負の面である。街が広がり、都市の中の場所や機能が分割されればされるほど、人々の格差は広がっていく。裕福な人たちはますます自分の力を誇示し、権力を集中させていくことになる。その一方、貧しい人々の住む場所は徹底的に切り捨てられ、排除される。距離が開いて分離が進めば、それぞれの場所に住む階級、民族、それぞれの場所に根付く文化の交流はなくなっていく。お互いの交流がなくなれば、人々は自分の「所属する」場所だけに生きることになる。そうなれば、自分の所属する集団から自由に逃れることができなくなる。

現代都市においては、「密度」よりも「距離」のほうが勝っている。カルロス・モレノはその関係を逆転しようと提案しているのだ。例えば、彼の提唱する「15分都市」は、人々が歩いて、もしくは自転車で行くことができる距離に都市の機能がある都市のことであるが、その目的は機能を近づけることだけではない。「15分都市」は、都市における力の関係を抜本的に転換し、新しい街を作ろうという試みなのだ。密度が一点に集中する状況を打開し、公平な街を作ろうということなのである。

現代都市が向き合っている問題は、さまざまな分野にわたっている。その問題は複雑なため、たった一つの変更や、たった一つの解決策だけでは手に負えるものではない。しかし、本書は、その大きく広がる問題の本質を明らかにし、それが私たち人間にどのように関わっているかを示してくれる。都市の中で生きるということは、複雑さから逃げ出すことではなく、複雑さの中に身を投じるということなのである。

リチャード・セネット
ロンドン・スクール・オブ・エコノミクス
国連人間居住計画　都市イニシアチブ協議会会長

はじめに
都市に住む権利、都市で生きる権利

この本を書きはじめるにあたって、私の研究の指針となった尊敬する人物を紹介させてほしい。エドガール・モラン、百歳近くになる彼は、あらゆる分野に精通する思想家である。光栄にも私はパリにて、彼の発言を記録する機会に恵まれた。二〇一八年に行われた都市での生活に関するセミナー[*1]の準備のためのもので、主題は都市の持つ複雑性と都市の生命についてである。この発言はいまだ刊行されていない。

彼の許可を得てここにその言葉を引用しよう。この言葉にはこれから私が本書で扱おうと思っている問題が凝縮されている。

「複雑性を持つ知識や思考というものは、分離し、ばらばらになっている種々の知識を一つにまとめ上げることによって生まれてくる。問題は、ばらばらになっているそれぞれの知識をどのように一つにするか、その方法だ。第一に必要なことは、文脈を大切にすることだ。例えば街というものを考える際に、その街だけを個別に取り扱うのではなく、その街はどのような特性を持つ場所にあるかを考える。また、もっと大きな枠組みに目を向け、その街が置かれている国はどのような状況にあるのか、さらに、地球規模ではどのようなことが起こっているか、それらを合わせて考えるのだ。なぜ街について考える際にそのような大きな枠組みが必要なのか、それは、街や大都市がお互いに結びついており、即座にコミュニケーションを取り合っているからだ。このように街というものを取り扱うにはさまざまな知識を組み合わせることが必要なはずなのだが、現代ではむしろ、思考を単純化しようという傾向が支配的になっている。街について論じる際、建築物や都市計画、交通など、一側面だけを取り上げ、他の要素を無視してしまっているのだ。しかし、街について、そしてそこに住む人々について考えるならば、それらの観点だけでは不十分だ。都市を構成するさまざまな要素を総合的に扱わなくてはならない。街について、都市生活のよい面と悪い面、そのどちらにも目を向けるのだ。また、街同士のつながりといった観点だけではなく、街の昔の姿が現在の街にどのような影響を与えているか、といった観点も求められるだろう。

私たち一人一人と、私たちを取り巻く社会も深い関係で結ばれている。私たちは社会の中で生きていると同時に、私たちの中に社会が生きている。街についても同様だ。私たちは街の中に生きているし、私たちの中に街が生きている。街と人、その複雑な絡み合いに目を向けなくてはならない。

街の中には住民たちの雑多な要望がいきかい、ときには互いに相反することもあるだろう。それらの要望に答えるためには、街を取り巻く要素を単純に総合するだけでは意味がない。雑多な要素をいかにつなげるか、その方法を確立する必要がある。その方法はすぐに見つかるというものではない。私は何年もかけて複雑性を扱う方法を模索してきた。そうして現代の人々が抱える問題、特に都市に関する問題を考えるために必要ないくつかの原則を見出した」。


街というものは、世界の大半の人々をさまざまな形で取り巻いている。街は人々と生活の場とを結びつけている。だからこそ、街の姿は人類が歩んできた歴史を物語っている。街こそが人間という存在を最も雄弁に教えてくれるのだ。

ここで少し、都市の歴史を振り返ってみよう。紀元前五〇〇〇年ほども前から、人々は集まって生活を営んでいた形跡がある。その頃から人間は集団で生活し、共通の計画を立て、それぞれの役割分担を行っていたようだ。最初にこのような集団生活がはじめられたのが、メソポタミア、ナイル川、ヨルダン川、ガンジス川、インダス渓谷、アフガニスタンのバルフ川、黄河、メキシコ渓谷、エトルリアなどであった。[*2] その後、古代ギリシャ・ローマにおいて、私たちが「街」という言葉から想像するような規模の街が築かれたのであった。

街はどのように発展していったのか。街の誕生[*3]には、農耕の成立がともなっていると言うことができる。農業によって土地と都市空間とは密接な関係を結び、両者を包みこむ複雑な生態系が形成される。人々が土地に集団で定住することから街が作られる。また、集団で生活し農耕をはじめると、食物の生産量が格段に増えることになる。そして食物の生産量が増えるにつれ、新たな役割を担う人々が社会に生まれ、分業体制が形成されてくる。街の規模が拡大するにつれ、物を作る手工業、物の交換を行う商業、社会の調整をする行政、秩序や土地の防衛を担う軍事、現世からの魂の超越を説く宗教など、新たな職能が生まれることとなる。

今度は「街」という言葉についてフランス語を用いて考えてみよう。フランス語で「街」という単語は「ヴィル（ville）」である。ヴィルの語源はラテン語の「ウィッラ（villa）」だ。その意味は、「田舎の家」や「農家」である。この語は五～六世紀においては、大体五〇個以上の建物が寄り集まった場所に対して用いられた。現代では「街」というより「村」に近い場所に使われたわけだ。この「ウィッラ」から、いかにして現代の「街」に進歩したか。「ウィッラ」と現代の「街」とには本質的な違いがある。「ウィッラ」では単に、そこに集まる人々が土地を分け合い、資源を分け合うのみだ。しかし、「街」は違う。それでは土地や資源を分け合うということ以外に、「街」の人々はどのような意識を持つのか、「街」はどのような形を持つのか、そしてそれらがどのように変化していったか。その問いについて、まずは考えてみたい。

古代ギリシャにおいては、土地を分け合うことは同時に、同じ目的を持つことをも意味した。そして、同じ目的を追求するためには、共同生活にともなう規則や約束事を定める必要があろう。土地を分け合い、目的を共有することによって、明確な社会組織が形成されるわけだ。社会組織の形成、これこそが「ウィッラ」と「街」との分かれ目である。このような形をとった集団はラテン語の「ウィッラ」ではなく、ギリシャ語の「ポリス（polis）」であり、ラテン語の「キウィタス（civitas）」（「都市」）である。フランス語で「都市」を表す「シテ（cité）」は、この「ポリス」や「キウィタス」を語源としている。こちらの「街」は単に、「人々が集まる場」といった以上の意味がある。「街」は、「政治的動物」（アリストテレスが『政治学』において用いた言葉。社会を作り、集団の中でともに生きていく存在である人間のことを指している）の共同体なのだ。そこで暮らす人々は、それぞれ「よりよい生き方」を自由に追求する自立した存在だ。自由で自立した個人がお互いを尊重して集まる、それこそが現代の「街」、「都市」なのである。

「ポリス（都市）」の中の「政治的動物（人間）」は生活の規則を共有し、人間としてよりよい存在になるという目標を一緒に追求する。そして、同じ価値、例えば「正義」という美徳を皆で尊重する。政治という手段を通じてお互いのつながりを深くし、「ともに生きる」という意識を持ち、共通の規則や法を守る、そうやって街の一員としての意識を明確に持っている人々が「都市の住民」＝「市民」なのである。アリストテレスは言う。「これらの人々の目的は、最高善である。自足した状態というものは、人間の目的であり、その目的を達成することで幸福が訪れる」[*4]。確かにアテナイやスパルタ「ポリス」としての都市はそれぞれの場所に深く結びついている。しかし、その都市の物理的な場所だけで「都市」を語ることはできない。「都市」には何よりも、考える存在であり言葉を扱う存在である人間が、同じ空間を共有し、同じ規則に従うことを己の自由意思で受け入れることが必要なのだ。「ミツバチやその他の動物たちも集団で生活をしている。しかし、それらの動物は社会的な動物である人間とはかけ離れている。人間以外の動物は単に本能に従って集団を形成しているにすぎない。それらとは違い、人間だけは言葉を与えられた。動物たちも喜びや苦しみを感じる器官を備え、仲間に伝達することができる。しかし、人間の言葉は善と悪、そして、正義と不正といったものを表現するために与えられたのだ……」。つまり、アテナイを「アテナイ人たちの都市」と言ったり、スパルタを「ラケダイモン（スパルタの別名）人たちの都市」と言ったりする場合、単に場所や家などといった物理的な「街」を示すだけではなく、そこに住む人々の生き方をも示しているのである。

このように「街」という言葉の中には、物理的な意味での「街」＝「ウィッラ」と、人々の共通の生き方を示す「ポリス」としての都市という二つの意味が含まれている。「街」という言葉が持つ二つの意味合いは、「都市の世紀」とも呼べる現代、あらゆる人やものが即座につながるネットワークの時代である二一世紀の現代でも変わらない。そして、小都市、中都市、大都市、連合都市、巨大都市、超巨大都市と現代における都市の規模はさまざまだが、そのどれもが、都市空間と土地との関係、都市の生態系、街の形、生活のための規則や法、慣習など、さまざまな問題を私たちに投げかけているのである。

今度は都市の理想の姿について考えてみたい。今から五〇〇年と少し前、イギリスの思想家、トマス・モアは理想の土地、理想の街を想像し、作品の中に描き出した。[*5] その街の構成員、規則や習慣は、厳密に定められ、人々は完璧な生活を送っている。その完璧に作られた理想郷はある島に築かれたのであるが、もちろん、現実にはそのような街は存在しない。だからモアは、作品に登場する街の指導者であるローマ人に、「ユートパス」という名をつけた。これはギリシャ語で「場所」を意味する「トポス」[*6] に「ない」を意味する接頭辞を付した名前である。この「ユートパス」が現代では「ユートピア」として広く知られることとなった。つまり、モアの理想郷「ユートピア」は、「どこにも存在しない場所」という意味を持っている。そしてこの「ユートピア」という言葉は、「理想の社会」を意味する言葉として後世の人々の間に広まった。「ユートピア」では、だれもが平和に暮らし、生活の場と仕事の場、休息や娯楽の場が完全な割合で配置され、人々の間には信頼関係が築かれている。人々は自分の望んだ神を信仰することができ、自由で、自然と調和した生活を送ることができるのである。しかし、モアは単なる理想主義者ではない。彼は人間の本性は不完全で、人間は弱い部分を持っていることも知っている。だから人間同士の争いを憎み、その発生を防ぐための手立てが必要であると考えた。ユートピアの中では、人々の行動には透明性が求められ、罪を犯した者には厳しい罰が下される。こうしてモアは人間の手により、そして人間のために建設された社会を理想として世に問うたのである。しかし、ヒューマニストであるモアの描いた理想の島はその対極にある状態、人間にとって暗黒の未来であるディストピアに簡単に転化してしまう危うさを持っている。[*7]ディストピアはユートピアの反対概念として生まれた言葉で、ユートピアの夢が悪夢へと変わった姿であり、人々の調和した理想からはほど遠い状態、多くの矛盾を抱えた未来を指す。

ユートピアとディストピアは一見、正反対のようにも見えるが、両者を隔てる壁は薄く、境界線は揺れ動いている。幸福を目的にしたシステムは、容易に監視社会、つまり、人々の自由を奪う社会へと変わってしまう。このように世界は矛盾に満ちたものなのである。そして、その矛盾は都市生活が浸透した現代社会においてさらに明確な形であらわれている。フランスの社会学者アンリ・ルフェーヴルは著書『都市への権利』において、都市が発展した現代では人間同士が社会的、空間的に隔てられていると説いている。そして、この著書に触発されて、より人間的な生活や住まいを求めた数々の運動が生まれることとなった。その後、世界大戦後の街は、生産性の向上を目指し発展していくこととなる。その結果、テクノロジーは急速に発展していった。しかし、同時に都市が私たちを置き去りにしつつあるのも事実だ。都市の発展の結果、多くの人々が人間らしい生活を失ってしまった。そして今、新型コロナウイルスが世界に蔓延し、社会的に弱い立場にある人々をさらなる貧困におとしいれている。また、ウイルスの蔓延によって引き起こされた経済危機は一部の人々を社会から排除しようという動きを助長してしまっている。このような状況にいる私たちは今、世界の将来について真剣に考えなくてはならない岐路に立たされているのだ。あらゆる人や物がネットワークによってつながっている時代はまた、人々が厳しい監視の目に支配される危険性をもはらんでいる。いかにしてディストピアの到来を阻止するか。いかにしてエコロジー意識を持ちながら社会的、経済的平等が守られる都市を実現するのか。すべての人を等しく受け入れる街をどのようにして作り上げるか。そのことが問われているのである。

古代ローマにおいて、「都市の権利＝市民権（jus civitatis）」を与えることは、その人を「市民」として扱い、その自由を認める、という意味を持っていた。当時、多くの人が「市民権」を求め、「市民権」を持つ人々は広がっていった。この古代ローマの「都市の権利＝市民権」

は後に成立した民法において、市民の最も重要な権利とされた。「都市の権利」を与えることは、同じ土地に住む人、同じ共同体に所属する人を「市民」として受け入れる、ということを意味する。「都市の権利を持つ」ということは、その人がその場所に「受け入れられた」ということを意味している。私がこの本で考えたいことは、「都市の権利」とは何か、都市に生きるとはどういうことか、ということである。都市の拡大、世界を動かす大規模な「世界都市」の誕生、すべての地域がネットワークで瞬時につながる世界の成立など、都市の誕生以来、都市を取り巻く環境は絶え間なく変化している。そんな状況の中、私たちにとって最も大切なものとは何か、どうすれば人間らしい生活を送ることができるのか。そしてまた、この先二〇五〇年までに、ロボットや人工知能は広く人々の生活に浸透することとなるだろう。ならば、人間と機械が共存する未来のためにはどのようなことが必要だろうか。それらの疑問について、本書で考えてみたい。

映画の歴史を見てみると、ディストピアの都市はこれまで、多くの作品に豊かなイメージを与えてきた。『メトロポリス』、『1984』、『アルファビル』、『未来世紀ブラジル』、『ブレードランナー』などディストピアを扱った作品は数多い。そしてテクノロジー、遺伝子工学、人工知能などが大きな影響力を持つようになった今、ディストピアの到来はより現実味を帯びてきている。二〇五〇年には六〇億人にも達すると予想される都市生活者にとって、未来の世界をどのように導いていくか、そのことが今、問われている。街や都市での生活を人間にとってよりよいものとできるのか、すべての人を受け入れる社会を作ることができるのか、持続可能な発展を実現できるのか、そして、テクノロジーを真に価値ある生活の実現に役立てることができるのか。気候変動の影響を食い止め、失われつつある生物の多様性を守ることができるのか。エコロジー活動と人間の生活の両立させることは可能か。人々に平等に富が分配される経済や、すべての人に開かれた社会の場としての街を作ることができるのだろうか。

これら数多くの問題に、本書を通じて明確な答えを出していきたい。私たち人間の教育能力を最大限に発揮すれば、答えはきっと見つかるに違いない。他者の存在を受け入れる都市文化を発展させ、新しい都市を作り上げることができるか、これまでの生活習慣や消費・生産方法を変えていくことができるか、そして人間の理性で人工知能を制御することができるか、テクノロジーを人間に役立つものしていくことができるか。都市の未来はこれらのことにかかっている。

第 1 章

生きている都市

過去の都市、今日の都市、未来の都市：生きる場所

都市というものはどのようなものであるのか。その問いを考えるために、イタリアの作家、イタロ・カルヴィーノが一九七二年に発表した傑作、『見えない都市』を紹介しよう。[*1] この作品の中で彼は架空の都市を次々と登場させ、その都市のさまざまな姿を描いて見せた。彼は、謎めいた都市に関する人の記憶や眼差し、都市にあふれる名前や都市の中で機能している記号、人々の交流、都市の上に広がる空や死者などについて書き連ねていく。こうして描き出されるのは、どこまでも続いていく都市、輪郭の定まらない都市、不思議な都市などの数々である。この作品に登場する「都市」とそこに住む人々とは分かちがたく結びついている。この作品を読んでいると気がつくことがある。生活していた場所の記憶は一生を通じて人々の心を離れることがない、という事実である。

都市と人々の記憶との結びつきを示す例として、私自身のことを少し紹介しておこう。私の父はかつてコロンビアのアンデス山脈で農家を営んでいた。しかし、私の生まれる前、父は農地を追われてしまった。ラテンアメリカの「ラティフンディオ（大農園）[*2]」の経営者たちは、二〇世紀後半になり収益の拡大を図るため、昔ながらの小規模の農家を苛酷な条件で搾取していった。その結果、父を含む数百万人もの小規模農家たちは、農民から都市生活者へと生まれ変わることを余儀なくされたというわけだ。彼らは自分たちの農地を失い、よりよい生活を求めるため、いや、単純に生き延びる手段を探すために、大挙して都会へと出ていったのである。こうして私は、一九五〇年代の終わりに都市生活者の子どもとして生まれたのだった。しかし、私は単なる都市生活者ではない。父から農村への愛着を受け継いでいるのである。実り豊かな大地や、農村独自の宇宙観が染みついた自然の移り変わり、そうしたものを大切にする心が私の中に生きているのだ。都市生活者としての生活習慣と農村への愛情という二つの傾向が私の人生を支配している。もちろん私以外の何億人という都市生活者も、同じような揺れ動く二つの気持ちを抱いて生きていることだろう。

私の生まれた国であるコロンビア、そしてラテンアメリカ地域は現代になり、大きな変化を経験している。かつて、農村地帯が大半を占めていたラテンアメリカは、自らの土地を持たない農民たちによる抗議行動や、農地をめぐる争いが絶えることはなかった。しかし、わずか二世代の間に様相は一変する。人口の七〇パーセントが農業従事者であり、山地を拠点とするゲリラ活動や、激しい紛争が頻発していたラテンアメリカは今や、世界でも最も都市化が進んだ場所となったのである。現在、都市生活者の割合は八〇パーセントにも及んでいる。そして、各地で頻発していたゲリラ活動の数も減少した。どうしてゲリラ活動が影を潜めていったのか、その原因は、何よりも一つの世界が消滅していったということにある。その世界とは、農業中心の世界のことだ。農業中心であった経済が、都市中心の経済へと変化を遂げたのである。新しい世界ではまず工業が発展し、その次に金融業、サービス業が台頭していった。そして、この変化が人々の社会的・経済的関係、そして生活様式をも決定的に変えてしまったのである。

このような状況で育った私は、「都市」というものに強く興味を惹かれることとなった。都市そのものが私たちの生き方を決めているように思われたのである。そうした中、私は二〇歳の頃、難民としてコロンビアを離れ、フランスに移り住むこととなる。[*3] 生まれ故郷の記憶を持ち続けながらも、祖国から遠く離れて生きていくこととなったわけだ。その後私はフランスを拠点としながら、数々の大陸を旅して研究を進めていった。イタロ・カルヴィーノは「長年、未開の土地をわたり歩いてきた人間には、都市に対する憧れが芽生えることがある」、と述べている。[*4] この言葉は、多くの都市や土地を旅してきた私に、深く刻みついている言葉である。

そもそも、人間にとって都市とは何なのであろうか。都市とは多様な人間活動の調和した場である。それを考えるために、ヨーロッパの都市を象徴する建物であるカテドラル（大聖堂）について見てみよう。ヨーロッパ人は何世紀もかけて、何世代にもわたって多くのカテドラルを建立してきた。カテドラルとは、石材加工技術、数学、幾何学、そして宗教的な信仰心といったさまざまな人間の営みを調和させようとしたヨーロッパ人の努力の結晶に他ならない。このように人々は昔から、雑多な要素をまとめ上げ、調和をもたらすために知恵を絞ってきた。私が興味を抱くのは、まさにその人間の知恵である。建物とは、住むための場所だけでなく、自分を表現する場所であり、法律や規則、行動規範を定める場所でもある。そして、そのさまざまな用途を持つ建物が集まる都市も、多様な要素を調和させようとしてきた人間の知恵によって出来上がっているのである。

人間のさまざまな活動の調和によって成立してきたものが都市であるが、現代においてその都市には大きな変化が訪れた。そのきっかけは第二次世界大戦である。大戦以降に再建されたヨーロッパの姿は、都市のありかたを考える上で大変興味深い。大戦によって消滅した国もあれば、新しく生まれた国もある。大戦により一つの世界が崩壊し、その瓦礫の下から新しい世界が生まれることとなった。そして、それぞれの国では、街も破壊され、その中心となる建造物も痛手を負った。しかし、そこから再び作り上げられた都市によって、人々の世界は大きく一変したのである。

私の住むパリは大戦の大きな被害を免れている。しかし、ヨーロッパの多くの都市は甚大な被害を受けた。面積の八〇パーセントもが破壊されたベルリン、ドレスデン、ワルシャワ、グダニスク、ロンドン…… そして、フランスの港町、ル・アーブルもそんな都市の一つだ。ここで注目すべきは、復興された都市はこれまでの都市と大きく異なっていた、ということだ。ル・アーブルは、そんな第二次世界大戦後の都市の様子を知る上で格好の例である。戦後、破壊されたル・アーブルに新しい建物を設計したのは、建築家オーギュスト・ペレであった。彼は破壊された建物の代わりコンクリートを素材とした建物を設計していった。その結果、この街はコンクリートの建物で埋め尽くされることとなる。彼は言う。「建築が空間を区切り、空間を覆い、空間を支配する。夢のような場所を現実のものにするのに最も大きな役割を演じるのは建築であり、人間の精神を表現するのに最も適している手段は建築なのである」[*5]。このような考えのもと、彼はコンクリートを大量に使っていった。ペレの設計に代表されるように、第二次世界大戦後のヨーロッパの都市はそれまでの都市とははっきりと区別されることになった。コンクリートという新しい素材こそが新しい街を作り上げたのだ。コンクリートを用いた再生と変化は、たった数十年という短い期間のうちに成し遂げられたものである。

しかし、都市はすぐに変化するものだけで成り立っているわけではない。都市は、急激な出来事だけではなく、長い歴史によっても作り上げられている。都市は、何世紀、いや、場合によれば数千年という、長い期間を経て今の姿になった。都市というものは人々の歴史を反映しているのだ。このように、都市の中には相反する二つの流れがある。一つは、都市の記憶を守り、それを保存していこうとする流れ、そしてもう一つは都市を新しく変化させようとする流れだ。そんな二つの流れの間の反発や対話に、私は興味を引かれたのだ。こうして私はこれまでに世界の北から南へ、東から西への旅を続けてきた。四〇億人に及ぶ都市生活者を取り巻き、目まぐるしく変化する都市の状況を調べて回った。そんな経験から、一つの結論を得ることになった。都市の本質を見つめ直し、都市を再び人間にとってよりよいものに変えていくことが未来にとって必要なことである、という結論だ。

都市の本質とは何であろうか。『見えない都市』でイタロ・カルヴィーノが描き出したいくつもの都市を見ていくと、気づくことがある。都市というものは、独自の精神を持っていて、その精神こそが何世紀にもわたって都市を導いている、ということだ。街は独自の感覚や感情のようなものを持ち、住人と街は相互に影響を与え合っている。街は常に変化し、そこに住む人々に新しいものの見方や、新しい経験を与えていく。街は、働く場所や寝る場所といった以上の意味を持っている。都市はそれぞれの知性を持っているのである。そんな都市の姿を理解し、今一度、自分の生きる都市という場所を改めて見つめていかなくてはならない。そこから、いかにしてすべての人々を受け入れる街、住民に愛される街を作ることができるか、という問題が浮かび上がってくるのである。

都市の将来について論ずる際にしばしば、テクノロジーの問題ばかりが注目され、実際に住んでいる人々のことはおろそかにされがちになる。特にデジタル技術の発展が加速した一九八〇年代のデジタル革命以降、人々はテクノロジーの発展を急激に推し進めようとしてきた。しかし私はテクノロジーだけでは都市の将来を語ることはできないと強く思っている。高度な技術に支えられデジタル化された都市という理想、あらゆる事物がネットワークでつながった都市という理想、物や人のどんな状況にも左右されない自律的な都市という理想だけでは、都市を理解するのに必要な本質が見えてこない。確かにテクノロジーという視点は都市の未来の姿を考える上で分かりやすくはある。しかし、テクノロジーの進歩だけを頼りにした都市計画は必ず失敗するだろう。例えば、二〇一〇年に登場した「スマートシティ」の構想を考えてみよう。「スマートシティ」は、デジタル技術の急速な発展、デジタル革命の実現によって生まれた構想で、デジタル技術を活用して都市のインフラやサービス提供を最適化、効率化するという構想だ。この構想は、まるで都市の究極の理想像のように登場した。しかし、これは都市に起こるすべての問題をテクノロジーのみに頼って解決しようとする安易な構想で、それぞれの都市の置かれている個別の状況を無視して、どの都市にも同じ技術、同じ解決策を用いようとしたものである。スマートシティの実験場となったブラジルのリオデジャネイロの例を見てほしい。[*6] リオデジャネイロは当初、当時の最新技術に支えられたスマートシティの中心地としてもてはやされた。しかしそれから一〇年たった現在、この街は手痛い失敗の象徴となってしまった。「街」は、人々が住み、活動する「場」であり、その「場」の特性を無視して語ることはできない（詩人アルチュール・ランボーも、場に溶け込むことこそが、そこで生きていくための「方法」だと書いている）。[*7] 街は、そこで起こる出来事や物、街を支える行政機構やテクノロジー、その他さまざまな要素が複雑に影響を与え合って成立している。そもそも、人類は自分の周りの環境に適応するためにこそ、技術を生み出し、より高度なテクノロジーへと発展させてきたのである。つまり、テクノロジーとそのテクノロジーが利用される場とは切っても切れない関係にあるのだ。歴史に登場する最古の街である紀元前四四〇〇年のメソポタミアのウルからはじまり、エジプト、ギリシャ、ローマ、アメリカ・インディアン、モンゴルといった諸文明を経て現代まで、テクノロジーの進歩と、テクノロジーが利用される場との関係にこそ注目しなくてはならない。

ここで歴史を振り返り、都市が誕生した頃のことを考えてみよう。オーストラリアの考古学者、ゴードン・チャイルドが一九五〇年に発表した「都市革命」という言葉を紹介する。[*8]「都市革命」は、歴史上に残る最古の街であるウルに起こった。ウルは現在の南イラクに存在した都市である。そこで起こった「都市革命」は、人々が土地への定住をはじめたことで引き起こされた。人々は土地に定住にすることにより、新しい生活の方法、そして、新しい世界の見方を手に入れたのだ。チャイルドの「都市革命」という表現が適切かどうかは議論の余地があろうが、彼の指摘は重要だ。人々は定住生活をはじめ、農耕を行うことにより土地や自然との新しい関係を結んだ。狩猟中心の生活から農耕中心の生活へと人々の生活が変化したのだ。また、定住生活により人々の間で物の交換が盛んに行われるようにもなってく。こうして人類は新たな段階に足を踏み入れた。その新たな段階こそが、都市の誕生なのである。

このようにして都市が生まれたのだが、第二次世界大戦後に、現代社会を決定づける大きな変化が起こっている。それは、「世界都市」の成立である。「世界都市」とは一九九一年に社会学者であるサスキア・サッセンにより提唱された言葉であり、世界に強い影響力を与える都市のことだ。[*9] それまでは、世界の流れを左右する中心的な枠組みは「国家」であった。しかし大戦後、その支配力は弱まり、代わりに影響力を持ちはじめたのが、「世界都市」なのである。都市の影響力は国家のそれとは異なり、目に見えづらく、つかみどころがない。しかし数世紀間のヨーロッパの状況の移り変わりを見てみれば、都市が影響力を持つに至った経緯がよく分かるだろう。二〇世紀初頭、ヨーロッパを支配していたのは数々の帝国であった。ドイツ帝国、オーストリア＝ハンガリー帝国、その付近にはオスマン帝国、ロシア帝国、また帝国以外にも、王国やフランスのような共和国がヨーロッパの情勢を支配していた。そして、第二次世界大戦が終わると帝国は滅び、いくつかの共和国が生まれる。そして世界は東と西という二つのイデオロギー、二つの軍事勢力に分割された。その後、二〇世紀の終わりには、東西ドイツが再統一され、バルカン半島に新しい国ができた。こうした歴史を見てみると、帝国や国家が生まれては消え、次々と変転していることが実感できる。しかし、そんな中でも都市は、ときに大きく破壊されながらも再生を遂げ、拡大し、発展し続けている。時代の混乱にも関わらず、街は常に人々を引き寄せ、経済的な価値を生み出し続けながら世界を支配しているのだ。

現代においては、都市の領域、つまり「街」、「土地とその生態系」（先ほども指摘したように、アルチュール・ランボーも文学的な表現を用い、場所に溶け込む「方法」こそが生きていくために必要であると書いている）が世界の変化を生み出している。しかし、二一世紀になった現在、世界は危機を迎えている。人口増加により資源が枯渇しはじめ、人々の関係性は薄れ、真に人間らしい生き方が失われつつある。いずれにせよ、現代のような大きな変化の時代、そして、複雑化した時代の成立に大きな役割を演じたのが高度に発達したテクノロジーであることは確かだ。国家の権力ではなく、都市、そして都市の中のテクノロジーが人々の生活を大きく変えているのである。都市の中のテクノロジーやサスキア・サッセンの言う「世界都市」の進める政策が、人々の感性やアイデンティティなどを決定づける新たな要因となっている。人々は今、国家よりも都市に強い帰属意識を持っている。また、人々の社会的行動、経済的活動、文化的活動、エコロジー意識といったものに指針を与えているのも都市である。人々は、国家ではなく都市という枠組みにこそ、大きく依存しているのである。

それではそんな都市の現状はどのようなものか。五つの大都市圏を取り上げ、その姿を見てみよう。[*10]

日本の首都である東京を中心とした首都圏は三七〇〇万人もの人々が暮らし、日本の中で最も人口密度が高い。そして東京都全体には、日本全体の一一パーセントの人口が集中している。

次に、インドの首都、デリーは一九九一年から二〇一一年までのたった二〇年間のうちに、二倍の規模に成長した都市である。都市圏の人口は約二七〇〇万人あり、住民一人当たりの収入はインドの中で最も高い。また、何十万人という移民が暮らす街でもある。これから一〇年間のうちにデリーは世界で最も多くの人が暮らす街となると見込まれている。

中国の上海は資本主義へと移行した一九七九年の改革開放以来、一九八〇年代を通じ、都市化の道を進んだ。しかし、急激な都市化が進む中で、市内には無機物の建築が乱立し、そのために生態系が大きく崩れることとなる。生物の多様性は大きく損なわれ、気温上昇、環境汚染といった問題が慢性的にこの都市を苦しめている。上海の現在の人口は二五〇〇万人に及んでいる。

ナイジェリアのラゴスは国内、そしてアフリカ大陸全体で、最も人口が多い街である。この街はアフリカ大陸の金融の中心地となっている。この巨大な都市の総生産はアフリカ大陸全体で四位である。また、市内の海港は、世界有数の規模と利用者数を誇る。都心部の人口は二一〇〇万人にも上っている。ラゴスは世界中で見ても特に急激な速度で成長を続けている街である。また、ナイジェリア全体を見てみると、現在の人口は一億九〇〇〇万人であるが、二〇五〇年には四億一〇〇〇万人にも達する見込みとなっている。

ブラジルのサンパウロはラテンアメリカの巨大都市である。ブラジル全体の一四パーセントに当たる二一〇〇万人の人々が暮らし、そこでの総生産は国全体の二五パーセントに上る。しかし、その発展はあまりにも急激すぎたため、大きな混乱を招くこととともなった。スラム街の広がる丘陵地帯や平地は洪水の危険に常にさらされている。また、多くの住民が水や電気といった基本的なサービスさえも受けることができていない。サンパウロの総生産は、ブラジル国内の四三〇五もの街を合わせた額に相当している。[*11]

さて、このような街の現状を抱えた私たちがすべきこととは、何であろうか。それは、発想力を駆使して街の変革に取り組むことだ。現在の街を、より住みやすく、より生命力あふれたものにしていかなくてはならない。街に住む人々を置き去りにすることなく、高度なテクノロジーに振り回されることなく、人々の生きる価値を最優先にする街を作り上げねばならない。二〇二〇年代を迎えた今、物理的世界とデジタル化された世界、そして人々の社会といったそれぞれの要素が複雑に絡み合って新しい状況が生まれている。都市の中でどんどんと新しい移動手段が生まれ、機械と人との双方向的な関係が作られている。こうした目まぐるしく変化する状況の中で街の持つ特性や、「土地とそこに生きる生態系」の全体性を把握することは困難だ。しかし、街を知れば現代の私たちが抱える課題の解決策が見えてくるだろう。その上で、共有財産を正しく分け合う仕組みを作り、人々のよりよい関係性を築き上げていくのだ。理想的な街、住みたい街とは何かを理解し、都市の目指す方向を定める必要がある。

そのためにもまず、都市をめぐる現代世界の状況を確認しておこう。現在、世界の都市化が進んだことで、さまざまな問題が生じている。それらの問題が私たちや後の世代にとって深刻な状況となっていることは明らかだ。例えば、地球温暖化、資源の枯渇、人口の爆発的増加、都市部への力の集中、メガロポリスと呼ばれる大都市の集合地域の拡大、大都市の増加、都市特有の問題の発生、デジタル化やテクノロジー化の弊害など、枚挙にいとまがない。また、大都市が世界の富を独占する一方、貧困に苦しむ人も増え続けている。住む場所による不平等や、経済格差も広がっている。戦争による難民たちの置かれている状況や将来の見通しについても困難な問題が常に発生している。ヨーロッパでは、難民たちが地中海や英仏海峡をわたりながら行き来している。その存在は政治や社会に大きな影響を与えているのである。

都市の人々の要望に応えるために世界の都市が解決すべき問題は、五つの分野に分けられる。

環境、社会、経済、文化、そして災害等に対する強靭さである。すべての街は、こうした課題に取り組んでいるが、その結果はそれぞれの都市の取り組みのやり方によってさまざまだ。いかにして気候変動を食い止めるか、いかにして自然を街中に取り入れるか、いかにして生物多様性を守るか、いかにして社会から排除される人々や貧困をなくすか、いかにして文化・教育への参加が容易にできる政策を進めていくか、いかにして雇用を創出し、街の特性を伸ばすのか、移動を簡便にするにはどうすればよいか、いかにして新しいサービスや都市の機能を生み出していくべきか。それぞれの街は、それぞれのやり方で問題に対処している。危機を回避するためにやるべきことは多い。

ここでアメリカ、コロラド州デンバーの元市長、ウェリントン・ウェッブの発言を紹介しよう。二〇〇九年、アメリカ市長会議でのものだ。この言葉は都市の抱える課題と人々の生活との関係を見事に要約している。「一九世紀は帝国の世紀であった。二〇世紀は国民国家の世紀であった。そして二一世紀は都市の世紀となるだろう」。確かに、これから数十年間で都市は人間の生活のほとんどすべてを左右する枠組みとなることだろう。人間が人生の大半を過ごすのは街の中だ。生まれてから死ぬまで、都市での生活は人々の暮らす空間や時間の中心なのである。

「街に生まれる」、ということは単にその場所に生まれる、ということを意味するだけではなく、街の文化を受け入れるということ、世界都市に成長した街や大都市、メガロポリスの持つ生活リズムや様式に染まるということだ。人は生まれ、子ども時代から青年時代を経て、やがて大人になり老いていく。その間、さまざまな人生の出来事を経験する。そして、その人生が営まれる場が街なのだ。つまり、街こそが人生や人間関係を規定しているとも言える。そして、二一世紀になり、街の中で生まれ、成長し、老いていくという人生の意味は大きく変わり、人と人との関係性も変わった。街がこれまでになかったような変化を遂げた。都市は常に形を変えながら、人の感覚や感情などを左右していく。だからこそ、街には活気が必要であるし、生活しやすい街の実現が人類の未来にとっての大きな目標となる。そして、健康で平和な暮らしの実現のためには、将来への方向性をしっかりと定める必要があるだろう。

しかし、未来について考える前に、都市の現状を確認しておこう。二一世紀はユビキタス（遍在性）の時代である。どこにいても何をしていてもインターネットですべての物がつながっている。現代の街は、インターネットが支配するデジタル化された街なのである。eガバメント、eエディケーション、eヘルスケアなど巷にはインターネットを利用したサービスがあふれている。街の中ではあらゆる人と物がつながり、電子の網の目が張り巡らされている。人々はスマートデバイスを持ち歩き、個人の位置情報が利用され、ＩｏＴ（モノのインターネット：インターネットにより物同士をつなげること）により、物同士がインターネットでつながり、ビックデータが至る所で活用されている。このように街に住む人や物はいつでも、どこでもつながっている。そういった状況が人々の都市での生活の様相を根本から変えた。多様な技術であふれる街が、それぞれの場面での人間の生き方を規定している。暮らす、移動する、働く、必要なものを入手する、治療する、息抜きをする、こういったことすべてがデジタル技術なしでは成り立たなくなっている。人類は禁断の技術に手を出してしまったのだろうか。それとも、デジタル技術により生み出されたものが、実際のものにせよ、バーチャルなものにせよ、人間を現実から飛躍させてくれる何かになりうるのだろうか。どちらにせよ、都市文化が生まれ、人も物もインターネットを介してつながっているという状況を受け入れなくてはならない。インターネットの普及にともない、新しい生活様式やものの見方が生まれ、私たちの身体、社会、テクノロジーも新しいものとなった。そんな今、何をもってユートピアとディストピアを分けるのか、何が現実と想像とを分けるのか、その境目を明確にする必要があるだろう。

いずれにせよ、街に関してさまざまな課題が出てくるのは、街が人の生活に深い影響を与えているという事実があるからだ。その点をもう一度確認しておこう。街はそこに住む私たちに感情や感覚、喜びといったものを与える。そして、私たちがこれから建てる建築物にも昔の記憶が刻み付けられていく。街にある石造りの建物や記念碑は私たちに過去のことを語っている。私たちはその石と、私たちのことや私たちの友人、隣人のことなどを語りあっている。この本の冒頭でも紹介したエドガール・モランはサスキア・サッセンとの対話の際に、このように言っている。「誰かに「こんにちは」と挨拶するということは、相手に伝えているのだ。「君は存在している」と」[*12]。街の中で人々が出会うということは、それぞれがお互いの存在を認め合うということであり、街こそが私たちを私たちたらしめているのである。

都市の特性についてもう少し掘り下げてみよう。都市には独自の知性、「都市の知性」がある。それでは「都市の知性」とは何か、それは都市のアイデンティティであり、都市の社会・経済的な特性であり、街の持つ独特の文化、街固有のエコロジー意識である。街にはそれぞれ、固有の移動手段や治安の守り方があり、公営の住宅などがあり、エネルギーに関する課題や土地問題などがあり、ネットワーク、インフラ、公共スペース、近隣との経済関係、文化、娯楽、税制、観光資源などさまざまな要素を持っている。それらが集まって、街の性格が出来上がっている。国連が二〇一五年に定めた一七項目の「持続可能な開発目標」を見てみよう。その中の一一番目の項目は、都市が私たちの生活にどれほど大きな影響力を持っているかを明確に物語っているからだ。それは、「街やその中の住居をすべての人に開かれ、安全で強靭な、持続可能なものとすること」、というものだ[*13]。このように全世界、すべての国々に共通する目標の一つが、都市に関するものであることからも、人々にとって都市がいかに大きな存在となっているかが分かるだろう。

ここでこの国連の一七項目の目標について述べておこう。この目標は地球が持続していくために、地球全体で取り組むべき課題をまとめたもので、二〇三〇年に向けて発展させることとなっている。それらの目標は、地球全体が抱えている四つの問題の解決に向けられている。一つ目は、気候変動である。都市での人々の活動がその気候変動に大きく関わっている。二つ目は、世界の都市化の進行である。特に地球の東部と南部を軸として、巨大都市地域、メガロポリス、巨大都市が新たに生み出されている。三つ目は私たちの生活を大きく変えているテクノロジーの進歩である。そして四つ目は、貧困や不平等、一部の人々を排除する動きが強まっていることである。

二〇一六年、エクアドルのキトにおいて、第三回国連人間居住会議（ハビタット3）が開かれた。これは発展途上国における都市化にともなう問題や人々の住まいに関する問題の解決を目指した会議である。そのハビタット3において採決された文書は、「ニュー・アーバン・アジェンダ」と呼ばれている。その「ニュー・アーバン・アジェンダ」では、すべての人々が社会参加でき、都市の権利を享受できる仕組み作りこそが最も優先されるべきであるとの方針が示された。[*14] さらにその中でも、すべての人が基本的なサービスを受けることのできる社会、すべての人が参加できる民主主義の確立が最優先の事項とされている。この目標の実現には、何よりも地域の政治、そしてそれぞれの街の首長の積極的な行動こそが重要な鍵となる。つまり、世界の居住問題の解決の主役は、街なのである。街こそが変革の動きの主要な役割を担っているのである。

ここで、人口の観点から世界と都市の関係を見てみよう。二〇一一年には地球全体の人口は七〇億人を超え、二〇一九年には人口は七七億人となった。[*15] そして二〇一九年、初めて世界人口における都市生活者の割合が五〇パーセントを上回った。また、ヨーロッパだけを見ると都市生活者の割合は七四・五パーセントにも上っている。[*16] そして、二〇三〇年には、地球の人口は八五億人になり、そのうち、五〇億人が都市で生活すると見られている。また、現在、世界人口の一二パーセントが三三の都市に集中しているという状況もある。ヨーロッパを見ると、五三もの大都市圏（人口一〇〇万人以上）にヨーロッパの全人口の三九パーセントもの人々が住んでいる〔訳注：データが二〇一四年のものであるため、ここでのヨーロッパとは離脱前のイギリスを含めた、EU加盟国二八か国のことである〕。[*17] また、それらの大都市圏が雇用の四一・一パーセントを生み出し、世界総生産の四七・一パーセントを占めている。それが二〇三〇年になれば、七五〇の街が世界総生産の六一パーセントを占めることとなると見られている。[*18] この数字を見れば、都市が世界経済を動かしていることは明らかだろう。また、その世界経済の中心が南の国々や東の国々に移行しているという事実も見逃すことはできない。現在、経済成長を遂げている都市の九〇パーセントはアフリカとアジアの国なのである。それだけではない。アフリカとアジアのたった三つの国だけで、全体の三分の一を独占しているのである。その三つの国とは、インド、中国、そしてナイジェリアだ。

このように、現在と将来において都市は世界の動きの中心であることが数字によって明らかになったわけだが、数字にはあらわれない状況も見てみよう。二一世紀の今、都市で生活することは、石油を主要なエネルギー源として消費し、人々の働き口である産業を中心とした世界を形成することを意味する。そのような世界では、人々は寄り集まって生活することを余儀なくされる。こうして人が集まることにより、都市特有の社会が出来上がっている。しかし、集団で生活しているにも関わらず、現在の都市では人々同士の絆はかえって薄れてしまっているのが実状である。人々は自分が他者より優れているという証拠を求め、自分が成功者であるという証拠を外に向かって示そうとする。成功者の証とは、物の所有のことだ。自家用車や別荘など、あらゆるものが成功のシンボルとなっている。

そのような状況に対し、私は「生きている都市」という考え方を紹介したい。「生きている都市」の考え方は、現代の街のありかたに異議を唱えるものである。車という機械仕掛けのケンタウロスが高速で駆け巡り、車のための通りが張り巡らされ、機能重視の冷たい建物が立ち並ぶ街、無機質な道や壁、公園が徐々に私たちから生きる気力を奪っている街、そんな街は理想と言えるのだろうか。このままの大量生産・大量消費を続けて資源が枯渇してしまったらどうなるのか。土が痩せて、地面がアスファルトに覆われ、空気が希薄になってしまったら水や木といった自然はどのようになってしまうのだろうか。それぞれの街の持つ個性はこのまま消えてなくなってしまうのだろうか。家の前や路上、公共の場などに集まった人々が語り合うこともなくなり、街の歴史も消えてしまうのか。現在の街は、本当に私たちの思うような「街」と呼ぶことができるのだろうか。

最初に紹介したイタロ・カルヴィーノの『見えない街』にはこんな場面がある。旅人が街への道を人々に訪ねて回る。皆、身振りを使って、「こちら」とか「もっと遠く」とか「すぐ近く」、「反対側」などと話すのだが、そのどれもが旅人の質問への明確な答えとはなっていなかった。人々は「毎日そこで働いている」や「そこには寝に帰る」のように、はっきりとしないことを伝えるのみで、「街」のことには答えてくれない。それでも旅人はあきらめずに尋ねる。「人が住む街はどこか」。その答えは、「あっちへ行く」であったりする。地平線にぼんやりと見える多角形の物体のほうへと両腕を伸ばして示す者があれば、とがった建物の幻影を示す者もいる。旅人が「通り過ぎてしまったのか」と聞けば、「もう少し行ってごらんなさい」との答えが返ってくる。このようなかみ合わないやりとりを描きながらカルヴィーノはこのように問いかける。「街を通るということは、街の辺境からもう一方の辺境へと移動するにすぎず、私たちは街の外になど出ることはできないのではないか」、と。それに続く彼の言葉は、現代の都市を考える際に大きな示唆を与えてくれる。「七つの謎やら七七つの謎やらを見たところで、その街のすべてを体験したことにはならない。自分の発する数々の問いに街から答えを得ることができたとき、その街を知ることができたと言えるのだ」。私の掲げる理想の都市、「生きている都市」も同じである。固有の知性を持つ「生きている都市」について語るということは、街の静止した姿を語ることではない。街とは、場所や物ではなく、常に変化を続ける生態系のすべてのことなのである。

「生きている都市」の中では、さまざまな要素が有機体のように絡み合っている。そして、生きている都市の中で建物を作るということは、技術力や建築物の高さを競うことではない。都市の中で建物を建てるということは、長い時間をかけて今の形になった都市の声を聴き、都市の持つ固有のリズムや独特の息遣いを理解するということだ。私たちの住む世界は、複雑なものごとが絡み合って成立している。国や街の境を超えた要素が行きかい、それぞれの要素が影響を与え合って今の形になっている。「生きている都市」は、生物と同じように新陳代謝を行いながら発展している。そして、人々や物の流れが安定し、正常であれば、その街もよい状態にある。その流れが不安定であれば、緊張が生じて街の一体感が崩れ、最悪の場合は街自体の存続も危うくなる。また、それぞれの場所にある資源の量は限られている。ならば、資源を再生する方法、加工する方法、そしてその資源を再利用する方法を見つけ出さなくてはならない。

現在、地球は危機に見舞われ、資源の節約が叫ばれている。それだけではなく、これからも都市に住む人々が創造力あふれる活動を続けるためには、今までに注目されていなかった資源の新たな活用も重要な鍵となるだろう。

生きている都市は社会が求めるさまざまな要望に応え、さまざまな機能を持っている。そしてそんな都市の日常生活にかかわる変革が今、求められている。住まいや移動、教育、仕事や医療など、技術革新が必要な分野は多岐にわたる。都市に住む人々の要望はさまざまだ。生活を楽にしたい、よい家に住みたい、便利な移動手段が欲しい、働く環境をよくしたい、よい医療を受けたいなど、限りがない。それらの多様な要望はときに反発することもあるだろう。例えば、多くの人が移動をすれば、それだけ環境は汚染され、よい生活の妨げになる。このようなさまざまな要望をどのようにしたら調整できるのだろうか。年々、人々の生活に対する要求は高まっている。それらの要求を満たすためには、都市生活の本質を理解する必要がある。本当に働くためや教育、医療を受けるために、これほどの移動をしなくてはならないのだろうか。都市の中心部と周辺地区とはどのような関係にあるのか。求められる技術革新は、こういった都市に関する疑問を説くことからはじまる。エネルギーを適切に管理する技術、エネルギー効率のよい住居、自然に優しい移動手段、個人の状況に合った保安や医療、住民が参加できる文化の創出など、考えなくてはならない問題は数多い。またそれらの問題への取り組みが、垣根がなく外に開かれた街、活気にあふれた本当の意味での街を作り上げていくことにもつながるだろう。

技術革命が起こって以来、私たちは都市というものには無限の可能性が秘められていること知った。人々は今よりももっと便利で、もっと効率的で、もっと住みやすい街を求めている。生活する人々を第一に考えた「生きている都市」だけがこれらの要望に応えることができる。だが、都市の理想の姿は一つではない。「生きている都市」は、住む人々や、その土地の特性を第一に考えたものでなくてはならない。ならばパリで有効な手段は、リオやムンバイ、ソウルやシドニー、ラゴスやカイロには必ずしも当てはまらないはずだ。すべての都市のモデルとなる都市など存在しない。私たちは他の都市を真似するのではなく、他の都市からインスピレーションを得ながらも、自分たちの独自の都市を作り上げていかなくてはならない。

現代は多くの人々がひしめく時代であり、どこにいても人や物がつながっている時代だ。そのような時代であるからこそ、国家に対する街の存在感は強く、都市の政治の影響力や役割は大きくなっている。都市の存在感が増している現在、私の言う「感覚を持つ、生きている都市」への理解が重要となってくる。しかし、都市には、弱点がついて回ることもまた確かだ。都市に関する考察や行動は、都市の持つ構造的な脆弱性を理解した上でのものとなるべきだ。

それでは、その都市の脆弱性とは何か。それは三つの観点から考えることができる。環境、経済、社会である。この三つの側面での弱点を分析することで、いわゆる「ブラック・スワン」〔訳注：めったに起こることがないが、起こると社会に壊滅的な影響を与えるものごと〕[*19]のかすかな予兆を見つけ、世界の崩壊を防ぐことができるだろう。つまり、都市の社会的な脆さ、物理的な脆さの予見を行い、崩壊を未然に防ぐのである。今後必要なことは、社会の危険を察知し行動すること、街の中で人々のつながりを深めること、人々がともによりよく生きる社会を目指すこと、その土地に住む誇りを持つことだ。これこそが、都市の持つ複雑な関係性の網の目を正常に保ち、都市を未来へ存続させるために必要なことなのである。

今見てきたように、「生きている都市」は脆く、さまざまな変化にさらされている。どんな危険、偶発事が起こるかわからず、ひとたび何かが起きてしまえば、どのような結果につながるか予想もつかない。都市というものは、複雑な要素で成り立っており、あらかじめ計画を立てたり、変化を予測したりといったことが困難なのだ。それでは、都市を成り立たせている複雑な要素とは何なのか。ヨーロッパの歴史を見てみると、都市を形成する本質的な四つの要素が見つかる。その四つをラテン語で見てみよう。

一つ目は「*urbs*（ウルブス）」（「街」）である。これは街を構成するインフラ全般を指す言葉だ。

二つ目は「*civis*（シビス）」（市民）、これは街に住む市民のことだ。市民は都市空間の中心的な要素となる。市民の生活こそが都市の生命の本質なのである。

三つ目は、「*spatia*（スパティア）」（「諸空間」）、これは空間を意味するラテン語「*spatium*（スパティウム）」の複数形である。この語は、社会活動が行われる空間や、物の交換が行われる空間、人々が交流する空間などを指す。この諸空間が人々の集まる場となり、人々の統一を生み出す。

そして最後に、「*res publica*（レス・プブリカ）」（「公共のもの」）である。これは社会全体の利益を追求する政治を指す言葉である。

すべての都市はこの四つの組み合わせで成り立っている。都市について考えようとするならば、どれか一つの要素だけを取り上げるだけでは不十分なのだ。多くの学問分野を統合することで、都市の将来のために必要な変化や求められる行動が見えてくるだろう。都市の将来は、都市計画の専門家、社会学者、技術者、哲学者、デザイナー、建築家、実業家、政治家、芸術家など、さまざまな分野の専門家が集まって検討する必要がある。

これまで自動車にとって都合よく作られていた街を歩行者のためのものに作り変え、街の空気を浄化し、きれいな水を取り戻し、生物の多様性を守っていかなくてはならない。街に住む人や社会が活気づき、整備された公共の空間を広範囲に広げていく必要もある。そして、自動車を街の中心から遠ざけていかなくてはならない。そのためにも私たちの一致した行動が求められている。

私たちは現代の抱える問題に正面から向き合うべきときを迎えている。そして問題解決のためにも、街での生活を変えていかなくてはならない。都市の個性を再発見し、一点に力が集中しているこれまでの街から、至る所に中心地を持つ都市へと変えていくこと、街にきれいな空気を取り戻し、住みやすい環境、活発な人々の活動を生み出していくこと、今までと違った形の住まいや働き方、移動の方法などを見つけ出すことなど、必要なことはさまざまだ。未来に向けた都市計画は、都市の地面や地上、上空、地下と、あらゆる空間に及ぶ。あらゆる面で人々の要求に答え、状況の変化に敏感に対応できる街を作る。活動家ジェイン・ジェイコブズの次の言葉は、生きている都市の本質を捉えている。「道や広場、街並みは、社会生活が営まれる場であり、市民としての生活の基盤である。都市は交通のための場所であるだけではない。都市は、人が生き、寝起きし、ときには息抜きをし、旅行する場であり、人々が出会い交流する場なのである[*20]」。

都市に生命を取り戻すためには、都市の共有財産を守る行動を広範囲で進めていく必要がある。共有財産とは、水や空気、夜空、空間、時間、静けさなど、都市の持つさまざまな要素である。これらを大切にしながら、都市生活の価値を取り戻すこと。それこそが新しい戦いの目的となるのである。

第 2 章
気候への課題
環境変動にさらされた
街と都市生活

地球の北から南、西から東、日々至る所で気候の変動が深刻化している。例えば熱波や寒波、洪水、空気の汚染、干ばつ、海面の水位上昇などである。地球の気候が変わりはじめ、環境破壊の影響は私たちの住む諸大陸を確実に蝕んでいる。ノーベル賞作家、ガブリエル・ガルシア＝マルケスの『予告された殺人の記録』[*1]という作品があるが、環境破壊による気候変動は、まさにこの作品の出来事と同じような経緯をたどっている。作品の中では、恐ろしい殺人事件が起ころうとしていることを皆が知っている。皆が殺人の準備が行われていることを知り、実際に事件が起ころうとしていることを街全体が感じている。しかし、事件が実際に起こるまで誰も、何もしようとはしない。そして、殺人という決定的な事件が起きてしまってから、やっと人々は、街を不幸におとしいれた事件の原因などを語りだすのである。環境問題にも同じことが起こっている。環境破壊や地球温暖化という差し迫った危機について、生まれてくる子どもたちや孫たちと議論する余裕はほとんど残されていない。だが環境破壊の危険性は何十年も前から知られていたことなのだ。私たちが当たり前のように享受してきた文明は、こうして崩壊への道を確実に進んでいる。

街の世紀である現代、二つの言葉に注目すべきである。その二つの言葉とは、「人新世」と「複雑性」だ。地球の抱える危機の性質を深く知るためにも、この二つの言葉は、何度でも繰り返し検討すべき言葉である。

まずは「人新世」から見ていこう。「人新世」とは、現代のことを指す地質学上の用語であり、ここ五〇年間の地球の状況の本質を実に巧みに言い表している言葉である。これは、ノーベル賞を受賞した化学者、パウル・ヨーゼフ・クルッツェンとアメリカの生物学者であるユージン・F・ストーマーが二〇〇〇年に提唱した用語で、「人間の時代」を指す。[*2] 具体的には、地球の生物圏全体に及ぼす人間の影響が大きくなり、人間が地球環境の変化を引き起こす決定的要因になった時代である現代を示す言葉だ。それでは地球環境に対する人間の影響とは、どんなものだろうか。地球の環境変化を引き起こす人間の活動をいくつか挙げてみよう。生産性を重視した大規模農業、森林破壊、魚の乱獲、大気、水、土壌の汚染、都市部の拡大によるコンクリートの大量使用、自然環境の破壊、生態系に打撃を与える工業物質（窒素、リン、硫黄）の排出、車や飛行機などの熱エンジンを搭載した移動手段の利用拡大、化石燃料や鉱物燃料

（石炭、石油、天然ガス、ウランなど）の採掘量と消費量の大幅な増加、プラスチック原料の大量生産・消費など、広く知られているものの一部だけでもこれだけある。[*3]「人新世」という用語によって明らかにされるのは、人間が環境破壊の一番の原因だという事実だ。人間が資源の無際限な採掘や大量廃棄を繰り返したおかげで、自然環境が変化し、生存圏全体のバランスが崩れているのだ。

「人新世」という用語の重要さはいくら強調しても足りない。そこで人が地球環境に及ぼす影響の大きさを知ってもらうために、科学者たちが「プラスチック岩」と呼ぶものについて紹介しておこう。これは、工業化された現代における人間の活動が環境に及ぼした影響を示す地質学上の発見である。プラスチック岩は、自然の物質である岩と人工物であるプラスチックが融合したものを指す。二〇一四年にパトリシア・コーコラン率いるアメリカ・カナダの研究チームによって明らかにされたもので、人間によって引き起こされた数々の地球の変質のうちの一例である。[*4]何十年も前から多くの科学者がプラスチックゴミによる地球環境への悪影響を警告してきたが、このプラスチック岩はその証拠となるものだ。もしかすると、未来の古生物学者が未来の地球を発掘調査した際、人間の化石よりも多くのプラスチック岩を発見することになるかもしれない。フランス科学アカデミーの元会長（一九七五〜七六）であり、パリ自然史博物館の元館長（一九六六〜七〇）でもあるモーリス・フォンテーヌは一九六〇年代、それまでの自らの科学者としての業績のまとめとして、「モリスモセーヌ（Molysmocène）」という用語を提唱した。[*5] これは、先ほど紹介した「人新世」の第一段階を示す言葉で、ゴミを意味する「molysmo」と時代を意味する「cène」から作られたギリシャ語由来の造語で「ゴミの時代」を意味する。「人新世」という言葉を理解すれば、人間の活動がいかに環境に大きな損害を与えているかが実感できるだろう。

今度は、気候変動について重要な言葉のもう一つ、「複雑性」について見てみよう。なぜこの言葉が地球環境の危機を理解するのに必要なのだろうか。今まで見てきたように、産業革命以降、人間のテクノロジーの進歩は目覚ましく、人間が大きな力を持つことで、自然が大きく変質してしまった。しかし、地球環境が変質した原因をテクノロジーの力だけに帰してしまうのは、短絡的で誤った解釈だ。環境の変化には、「複雑性」という性格も大きく関係している。「複雑性」とは人間と地球環境とが複雑な関係を結び、相互に影響を与え合っている状態を意味する言葉だ。地理学者のオギュスタン・ベルクは、著書『風土学序説』の中でジャン・マルク・ベッセの言葉を引用している。「それぞれの『私』の間にあるもの、それが地球である」。[*6] この言葉を引用しながらベルクは、生態地理学という学問分野の必要性を訴えている。生態地理学とは生態学的視点、つまり人間や生物と自然環境との関係性に注目する視点から地理を扱う学問のことだ。生態地理学の前提には、人間と自然とが分かちがたく結びついているという事実がある。またエドガール・モランも『祖国地球』において、自然と人間の相互依存関係を指摘している。私たちが地球上の変化を引き起こし、また、その変化が私たちの認識や行動へ影響を与えている、と彼は言う。「地球上のあらゆる社会が相互関係を結んでおり、私たち全員が地球と運命をともにしている。この事実の発見が、この二〇世紀後半の最も大きな収穫であった。私たちはこの地球上でお互いに深く結びついているし、地球自体とも深く結びついているのである[*7]」。

「複雑性」という言葉によって明らかになることは、人間が地球環境の変化を引き起こしているだけではなく、変化した環境も人間たちに影響を与えている、という事実である。実際、気候変動が農業、健康、地上や海の生態系、水の供給、人々の生活手段などに変化をもたらしている。地球の北から南、小さな島から巨大な大陸、裕福な国から貧しい国まで、至る所で変化が起こっている。気候変動を調査する国際組織である気候変動に関する政府間パネル[*8]は、毎年の報告書の中で平均気温の上昇が引き起こす事態について指摘している。それによると、産業革命以前の平均気温から四度上がると、「非常に高い」危険が生ずるとのことだ（「多くの生物種の絶滅」、「食料の安全性への重大な危険の発生」）。また、気温が一度から二度上がっただけでも、「大きな」危険が発生するとされている。

気温上昇にともなう危険について、もう少し具体的に見てみよう。産業革命以前の気温より約二度上がると、全世界の年間所得は〇・二パーセントから二パーセント失われる。[*9] また、地球の気温が数度上昇しただけで、水や食料、生態系、そして気候に甚大な被害が引き起こされる。現に今、気温の上昇にともなう海面上昇、食料生産量の減少、多くの生物種の消滅、異常な気候現象の頻発、などといった一連の問題が降りかかっている。それだけではない。それらの問題は、新たな危険の種ともなり多くの人に影響を与える。環境悪化による移民の増加、新種の病気の発生、天然資源の減少、竜巻や嵐などの自然災害の発生や被害の甚大化などである。

都市での出来事は、地球の気候変動と直接的に関わっている。例えば、都市が引き起こす熱波について見てみよう。密集した高層建築の隙間に渓谷のような狭い空間（アーバンキャニオン）が生じ、空間内に熱がこもることにより、異常な気温上昇が引き起こされるのだ。二〇〇三年の八月、ヨーロッパ全土を熱波が襲ったが、気象学者たちの計測によると、都市部であるパリと周辺地域との温度差は四度にまで広がっている。この年の夏の猛暑では、フランスでは二万人、ヨーロッパ全体では七万人の死者を出す結果となったが、エマニュエル・カドとアルフレッド・スピラの研究を見ると、[*10] 大都市パリではその被害が特に大きかったことが分かる。二〇〇三年八月一日から二〇日までのパリでの死者数は、前年までの同時期に比べて一九〇パーセント近く増加しているのだ。また、二人の研究は未曽有の災害による被害状況以外にも重要なことを明らかにしている。猛暑という現象が人々の健康だけではなく、都市におけるさまざまな領域への影響（公衆衛生への影響、社会への影響、その他の影響）の引き金となっているという事実だ。また、猛暑が農村部よりも都市部で大きな被害を与えたことも示された。熱波という災害によって、都市特有の社会的・経済的脆弱性が明らかにされたのである。

最初の発生から約二〇年経過した今、熱波という現象は都市と切り離せないものとなってしまった。フランスでも他の国でも、夏の猛暑は毎年起こっている。猛暑がいつからはじまるか、そしてどのくらい続くか、といった点だけが変わるだけだ。

気温の上昇を食い止め、温室効果ガスの排出減らすべく二〇一五年にパリ協定が採択された。しかし今、そのパリ協定の存続が危ぶまれている。そのような状況の中、都市の置かれている状況の深刻さを理解し、それぞれの街や地域に課された責任の重さを自覚することが緊急の課題となる。加えて、各都市の首長たちの行動や、大都市の中枢にいる代表者たちの国際的なネットワークが、よりいっそう注目されることになる。地球温暖化を食い止めるには、なんとしても二〇五〇年までに温室効果ガスの排出を減少へ転じさせねばならない。その目標の達成には、政治や経済における改革が欠かせない。ならば、国の指導者と世界都市の首長たちとの連携がこれまで以上に求められることになるだろう。私たち都市生活者の信頼を集め、私たちと立場を同じくするのが都市の首長たちだからである。彼らの役割は、国家の政治と地域の政治との単なる橋渡しではない。彼らは国全体における政治の主体となりうる存在だ。国全体のことをも射程に入れた都市の行動が求められているのである。国と都市、それぞれの構想や取り組みがなければ、都市生活の危機は回避できないだろう。

都市の大幅な拡大によって、私たちは気候変動という大きな問題に直面することとなった。天然資源の枯渇、広範囲の環境汚染、水資源の不十分な供給などが私たちの生活を蝕んでいる。これらの問題は私たちの健康を脅かすだけではない。環境の変化は、地球上の生物すべてを危険にさらしているのである。生物の多様性、植物、水、あらゆる生物は都市生活にとっても大切な存在のはずだ。それらの危機はつまり、都市の危機なのである。

それでは、都市の拡大と環境問題はどのようにつながっているのだろうか。巨大都市の出現、メガロポリスと呼ばれる都市の融合地帯の拡大といった現象が起こり、それら巨大都市組織がときには周囲数百キロメートルの範囲で中・小都市に大きな影響力を広げている。このことにより、私たちの生活と都市空間や農村部との関係、私たち人間と生物多様性との関係といったものが大きく転換しているのである。都市の影響力が絶大なものとなっている現在、都市が中心となって環境保護という課題に真剣に取り組まなくてはならない。

私たちフランス人にとって記憶に新しい画像がある。フランス人宇宙飛行士であるトマ・ペスケが二〇一七年に撮影した地球の写真である。その写真を見ると、地球の表面にいかに多くの街が存在しているかということに気づかされる。地球の地表全体に対する都市部の割合はたった二パーセントにすぎない。しかし、都市部には世界人口の五〇パーセントの人々が住んでいる。また都市部はエネルギーの七八パーセントを消費し、二酸化炭素の全排出量の約六〇パーセントもの量を排出し[*11]、全世界の富の八〇パーセントを生み出している。この事実が意味することは、地球の環境汚染や資源の枯渇といった地球の変化の影響を最も大きく受けるのが都市での生活であるということだ。だからこそ世界中の多くの街で、環境問題に対する解決策が模索され、具体的な取り組みが実行に移されはじめている。人間らしい生活を守り、私たちの呼吸する空気や水、生物の多様性を守るため、食料の供給の仕組みや輸送手段の見直しなど、これまで当たり前であった都市生活の常識を変え、生活の枠組みを一新しようという試みがはじまっているのである。

二〇一三年、人間の活動による温室効果ガスの排出量が四〇〇ｐｐｍ大台を初めて超えた[*12]。このことは、環境汚染が人間の将来にとって危険な水準を超えてしまったことを意味している。一九九七年に二酸化炭素削減を目的とした京都議定書が採択されたにも関わらず、二〇一三年の二酸化炭素の排出量はその一九九七年と比べ、六〇パーセントも上昇している。そしてその排出の主な原因は都市である。二酸化炭素排出量の七〇パーセントを排出しているのは大都市なのだ[*13]。このままの速度で都市化が進めば、今世紀の末まで人類が生存できるかどうかさえ危うい。「今後、日中の温度は、どんどんと高くなっていくことだろう」。「そして、一か月、二か月、半年、一年といった単位で見ても、これまでよりも暑くなっていく」……。この予測は、世界中のどこにでも当てはまることである。

また、気温上昇は新しい不安をも引き起こす。治安の悪化である。気温上昇により、不法行為が誘発されている。こんなことがあった。パリでの異常な気温上昇の際、暑さを和らげるために消防用の消火栓が壊され、水がまかれたのだ。いわば、都市を冷やすための「噴水」だ。数時間のうちに、街のあちこちで消火栓からの「噴き上がるプール」が数百件も発生したこともあった。二〇一七年六月、私は猛暑と不法行為の関係について、ある記事を書いた。熱波に襲われたセーヌ・サン・ドニの大衆的な地区の様子についてのものだ。「街には、気候変動により行き場をなくした人があふれはじめた。ヒートアイランド現象により気温が三五度を超え、どんどんと暑く、耐え難いものとなっていった。「噴き上がるプール」や「都市の噴水」は夏になると必ず見られるようになっている。これらは単なる不法行為ではなく、社会への不満が爆発した結果でもある。これらの出来事を深刻に受け止め、その原因を理解する必要があるだろう」[*14]。

温度上昇の影響は治安の悪化だけではない。あらゆる規模の都市で、地球上のあらゆる場所で、人々は深刻な猛暑により健康を害し、ときには命を落とす場合もある。例えばバングラデシュのダッカは、繊維関係の工場が多く、世界の有名ブランドに安い労働力を供給する「世界の工場」とも呼ばれている。しかし、そのダッカでは今、多くの工員が職を離れて、工場の数々が閉鎖に追い込まれている。その原因は体調不良である。一日に数百人もの男女が猛烈な暑さのため体調を崩し、その大部分が入院を余儀なくされているのだ。疲労や栄養失調も相まって、異常な気候が労働者の健康を蝕んでいる。

深刻な気候変動の影響は気温上昇だけではない。例えば台風や大雨である。二〇一三年に発生した台風ハイエンは風速が時速三六〇キロメートルにまで達し、フィリピンを中心とした各地に甚大な被害を引き起こした。私はちょうどその頃現地におり、まるで世界の終わりのような大混乱を目の当たりにしている。台風は最終的にベトナム近郊に上陸し、数十万人もの人々が避難することを余儀なくされたのだ。

また、私は島国スリランカの西部と南部へ訪れた際、豪雨による災害を体験している。ちょうど気候変動の影響や都市生活、歴史的遺産の保護などについての研究活動でこの国を訪れていたのだ。過去一五年間で最大規模となったモンスーンが引き起こす豪雨で、約二〇〇人が命を落とし、三〇万もの人々が住む場所を奪われるという、実に痛ましい被害が発生したのである。

アフリカも気候変動の影響を大きく受けている。街では常に数百万もの人々が食料難に苦しみ、その結果、社会的な不安も生まれている。それも気温の上昇と、降水量の減少という気候変動が原因なのだ。

ラテンアメリカ南部、ブエノスアイレスでは、毎年夏になると、南の国特有の暑さとなる。しかし近年、気温が危険な領域まで達するのが当たり前のこととなってしまっている。夏の気温は四〇度前後を推移し、地域によっては四七度にまで達することもある。生活の苦しさと耐え難い気候条件が常態化していることもあり、人々は不満を募らせ、ときには暴動にまで発展することもあるのだ。このように世界各地で気候変動と、その影響が顕著にあらわれはじめているのである。

また、地球温暖化による海面の上昇も深刻である。二〇一三年に世界銀行が行った調査では、水位の上昇と経済的な損失との相関関係が明らかにされた。それによれば、このまま水位の上昇に対して何の対策も講じなければ、二〇五〇年までに沿岸の街は浸水の被害に見舞われ、経済的な損失は毎年一兆ドル（七五〇〇億ユーロ）という天文学的な額に上るそうだ。ちなみに今後、気候変動のリスクを抱える国の顔ぶれに変化があることも予想されている。「現在は、最も危険な状況にある都市圏は、第一に広州（中国）であり、その次にはマイアミ、ニューヨーク、ニューオリンズといったアメリカの三都市が並んでいる。しかし、今世紀の中頃になると、発展途上国がその危険にさらされることとなる。危険な都市圏で広州がトップとなることは変わらず、マイアミ、ニューヨーク、ニューオリンズが最も危険な一〇個の都市の中には入るだろうが、広州の次にボンベイ、カルカッタ（インド）が入ってくるとみられる。また、これからの五〇年の間に危険度がどれだけ上昇するか、といった観点から街を見てみると、順位は一変する。地中海沿岸の街であるアレクサンドリア、ナポリ、ベイルート、イスタンブール、アテネ、そして、マルセイユといった街の危険度が大きく増すと見られるのである[*15]」。二〇一三年の調査から三年後、世界銀行による新たな調査結果が発表された。それによると、「気候の変動により、現在、多くの人々が貧困から抜け出す手段を奪われている。またこれから二〇三〇年までの間に、一億人以上の人々が新たに貧困に陥ると見られる[*16]」、とのことである。

世界を見回してみると、気候変動による悪影響は年々ひどくなっていることがよく分かる。気候は確実に変動し続け、それによる被害もどんどんと増えている。このままの状況が続けば、これから数十年の間に、気候変動により社会の平穏や地域の安全が失われていくことになる。すでに戦争による難民の数よりも、気候変動が原因で難民となる人の数のほうが多くなっているのである。

国際連合経済社会局（DESA）が発表した「二〇一八年の世界都市」という報告は、「災害に国境はない」、という事実を明らかにしている。この報告によれば、五〇万人以上が住む一一四六の都市のうち六七九の都市は、竜巻や洪水、干ばつや地震、土地の滑落などのどれか、もしくは複数の災害の危険にさらされている。また国連防災機関と災害疫学研究センターが共同で発表したまとめによると、一九九八年から二〇一七年の二〇年間に自然災害で命を落とした人は一三〇万人に上る。また、四四億人が怪我を負ったり、住む家を失ったり、緊急の援助が必要な状態に陥ったりしている。[*17] 人々の生活における都市の政策についての検討を行う国連人間居住計画は世界の国々に対し、国や共同体が協力して自然災害への強靭性を高める必要性を訴えている。また、そのためには国際的な取り組みが必要だとも指摘している。「災害時、すべての国が協力して人々の生命や財産を守り、被害を受けた人への補償を進めていかなくてはならない。そして、そのためには計画の策定が欠かせない」。二〇一九年六月には、世界銀行と防災グローバルファシリティが共同で、災害に耐える力＝強靭性の重要性を示す報告を発表している。洪水、竜巻、地震や地すべりといった自然災害に対して、国の資産となる橋、電気塔などといった設備の強靭性を高めたり、都市のシステムや運用者側の弱点を見つけ出して対処したりするほうが、破壊された後に再建するよりも、ずっと簡単で安く済むのである。[*18]

それでは自然災害に対する強靭性を高めるためにはどうすればよいか。都市の中に有機物を増やすこと、植物の価値を見直すことである。都市の中に有機物が多くなれば、正常な自然のサイクルが正常化し、自然災害の危険性も減少する。年々、都市は無機物に近づいている。至る所に建物が建てられるとともに、自動車の利用に便利な場所が数多く作られたことなどが原因だ。一世紀近く前から、世界の都市は自動車を主要な移動手段と位置付けてきたのである。

その一方、これまで人々は、気候変動ということへの注意を怠り、自己の利益を最優先しながら都市を作ってきたのである。その結果、生物の多様性が犠牲となってしまった。公園も作られはしたが、あくまでも付随的なもの、余暇を埋めるものとしてしか扱われていない。こうして都市の中での無機物と植物との調和は失われていったのである。このように都市における植物の存在は軽視されてきたのだが、気候変動による危機が明らかとなった今、植物の働きを見直すべきときがきている。未来に向かって人類がともに生きていくには、現在の考え方を根本から見直さなければならない。なぜなら気候変動がこれからの社会の抱える最も大きな危機であるからだ。

植物は都市の生命の源となる。植物は炭素を吸収することで、都市生活全体の新陳代謝を助けてくれるのだ。それだけではない。植物は都市に魅力を与え、人々の都市活動に価値を与えてくれる。つまり、植物は炭素を吸収するだけではなく、人をその場に引き留めてくれる。たとえ狭くて人口密度が非常に高い街でも、街に植物を増やし、都市生活の中に緑を取り入れれば、住む人々はそこから離れたいと思ったり、緑を求めて街から「脱出」しようと思ったりすることは少なくなるだろう。そうなれば人々が移動する機会も減り、移動にともなう大気汚染も抑えられる。また、時間の流れから都市生活のありかたを考える「クロノアーバニズム」の観点からも、緑は重要な要素である。緑によってゆったりとした新しい都市のリズムが生まれるのである（「クロノアーバニズム」については第6章で詳しく検討する）。このように、緑によって人々は都市での社会生活に大きな価値を見出すこととなるだろう。

また、都市の中で緑とともに、水の問題を検討することも必要である。都市の管理において水資源の扱いは最も重視すべき問題の一つだ。現代の人々が抱える水に関する問題は数多い。まず水の供給の問題がある。世界の国々では、水を確保するために必要な移動距離がどんどんと大きくなっているのである。また、水の循環にも異常が発生している。ある場所では日照りによって水の蒸発が極端に早く、別のある場所では降水量が少なすぎたかと思えば、雨が大量に激しく降る。たった数時間で数か月分の雨が降ることもあるのだ。こういった水の循環に関する異変で、農地での食料生産も打撃を受け、都市生活へも悪影響が出ている。水の問題は人々の社会全体のシステムを混乱させているのだ。これからの十年間に、都市の中での水の循環に対する意識を高め、水に対する私たちの態度を改めることが課題となる。植物や自然、水に対する「都市の意識改革」を実現するため、あらゆることを試み、あらゆる戦略を立てるべきだろう。

エネルギーに対する改革も必要だ。炭素を排出しないエネルギー源や再生可能エネルギーへの転換が重要であることは言うまでもない。しかし、それも植物の価値の見直しや水のサイクルの正常化に向けた都市の戦略的な施策がともなわなくては意味がない。公園の増加、緑と青の枠組み（自然環境や生物多様性保護の目的で、植物や水のネットワークを整備すること）の構築が必要だ。そして、水に触れる場を新たに増やすことも大切だ。これには自然を利用したもの（水路、川、運河）と人工的に作るもの（水の広場、水の鏡など）がある。また、水浴場の設置など考えられる。これらが都市の強靭性を高めるために人や動物、植物、水など都市を構成するすべてのものに配慮した、都市デザインの観点からの有効な対策である。

今、公園の価値の再評価が進んでいる。例えば、都市内での公園に関する国際組織である世界都市公園会議が設立され、公園や広場、休憩のための空間についての提言を行っている。[*19] このことは、公園に関する構想や行動についての国際的な協力体制の確立に向けた大きな一歩であると言える。自然の保護、人々の憩いの空間の確保、住民のスポーツや健康促進のための場を確保することがこれからの都市にとって必要なこととなる。

また、自然環境への配慮をするならば、都市の中の移動手段についての見直しは欠かすことができない。環境に優しい新しい移動手段へ移行するにはどうすればよいか、自動車の個人利用を減らすことができるか、熱エンジンを用いた機械をなくすことができるか、大急ぎで検討しなくてはならない問題は数多い。いずれにせよ、二〇世紀の生活のありかたを変えなくてはいけないことだけは、はっきりとしている。特にエネルギーの大量利用によって、環境に影響を与え続けている現状を変える必要があるだろう。国際エネルギーアセスメント（GEA、気候変動に関する政府間パネルのエネルギーに関する報告）[*20]は、二〇一二年の時点ですでに、改善が必要な分野を提示している。都市の地理や経済、エネルギーの利用効率、インフラの形態などである。そのような状況の中、都市の政策が地球環境にとって持つ意味は大きい。都市の政治的決定は主に三つの要素に影響を与えている。一つ目は都市空間の分割、二つ目は都市の中の人や施設の密度、三つ目は人口や社会構造の動向である。都市同士が融合したり、大都市や超巨大都市が誕生したりと、都市の拡大が起こっている現在、都市の政治が持つ影響力が増大している事実を冷静に受け止める必要があるだろう。

　現代に起こっている都市生活の拡大は、「都市周辺」の拡大をも意味する。そして都市周辺部の拡大には自動車の普及が大きく関わっている。人々は車を持つことで、都市の中心地だけではなく、その周辺まで住む場所を広げることができるようになったのである。こうして、「巨大都市の拡散」が起こっている。しかしその結果、都市としての空間的な統一性は失われ、それぞれの場所の人口や施設の密度もばらばらとなり、人々の社会的格差も広がった。また、拡大した都市圏の中で北と南、東と西といったそれぞれの区域は一つの機能（住居や仕事、買い物など）を与えられることとなる。働くための地域と居住するための地域が地理的に分けられたのだ。そうなればそれぞれの地域への車移動を頻繁に行わなくてはならなくなる。それに加え、大量消費を土台にした生活によって、さらに都市が拡大し、自動車の普及にも拍車がかかった。こうして都市において自動車は特別な地位を占めることとなったのである。自動車が交通の手段であるとともに、社会的な地位を示す記号ともなったのだ。車を所有するということは自分が中流以上の階級に属していることを社会に示すことでもある。自動車の所有は成功や高い身分を示すシンボルなのだ。こうして自動車が普及した結果、緑が豊富な場所や息抜きをする場所がどんどんと削られていったのである。また、人々が多く移動することにより、必然的に「都市の血栓」と呼ぶべき現象が発生している。個人が自分の自動車を使うことで大量の車が使用され、渋滞が起こり、大量の人々が街にあふれていったのだ。

気候変動や生物多様性の喪失の原因はそれだけではない。水を吸収する土壌の減少も気候変動に大きく関わっている。都市は日に日に拡大し、農地や自然の地表を削っている。地球は水の惑星である。だが、水だけでは私たちは生活できない。地球上の地面は生活のために重要な資源なのだ。しかし、都市の発展やインフラの拡大にともない、地表は人工物で覆われてしまった。それにともなって、地表を覆う人工物に雨水が浸透しなくなるという問題が発生している。水を通さない地表の拡大の速さはすさまじく、ヨーロッパの人口増加の割合と比較してみると、その速度は二倍にもなっている。[*21]

二〇一二年のCOP21では土壌が水を通さなくなること＝不透水化について話し合われたが、それ以前にも欧州連合の研究報告で、コンクリートやアスファルトといった素材によって透水能力が失われていると指摘されている。[*22] それにも関わらず、現在でも増え続けるインフラなどによって、ヨーロッパでは毎年、一〇〇〇平方キロメートル以上もの自然の土壌や森林が失われていっている。失われた土地の半分はアスファルトやコンクリートといった人工の物質で覆われ、水を通さなくなってしまっているのである。

土壌が水を通さないとどのようなことが起きるのか。土壌の透水能力が低下すれば、洪水の危険性が高まり、水の循環が滞ることで水の不足も生じる。また、土壌の水分は二酸化炭素を閉じ込めているが、土中の水分量が低くなればそれだけ二酸化炭素が放出され、地球の温暖化が加速してしまうことにもなる。その結果、生物の多様性も失われてしまうこととなる。また、欧州連合の報告は土壌の透水力低下にともなう他の悪影響についても注意を喚起している。土壌が水を吸わなくなると、水の浄化や有機物の循環、植物の成長など、土壌が本来持つ機能が弱まってしまう。また、土壌が失われれば、そこに生息する植物も減ることとなる。そうなれば光合成が行われなくなり二酸化炭素が吸収されず、酸素は放出されなくなる。また、温度や大気の調節もできなくなるのである。このように、都市が自然の土地を分断することで、土壌の透水能力が失われ、資源が枯渇し、生物の多様性も犠牲となっているのだ。

このような事態の解決には、政治の力が必要となる。都市の中で環境への意識を高めるには、どのような形の政治的介入が必要となるか、それを検討することからはじめなければならない。

もはや民間人や開発業者の自由に任せて置ける段階ではない。地域や街、大都市、あらゆる場面において、民間の土地利用と公共の領域との調整や、生物の多様性と公共の利益の調和を生み出すことが急務となる。それでは、政治の役割とは具体的にどのようなものか。

- 分断化された空間を再び統合すること。また、都市の中のさまざまの機能や経済活動を組み合わせること。
- 都市生活の質を向上する。水の確保や河川、緑の地域の保護に取り組む。都市の中に公園を作り、街の中での文化事業を促進する。
- 地域のつながりを深める。地域の価値を見直し、都市での生活に活気を与える。それぞれの地域の行き来には、徒歩や自転車などの活動的な移動方法を推進する。
- さまざまな領域の物理的、社会的交流を深める。さまざまな人々がまじりあい、多様性を受け入れる街とする。人々があらゆる面で「公共」の意識を持つ街の実現を目指す。

私たちの生活を変えたいのならば、私たちの街を変えなくてはならない。そして、循環型の経済を持った持続可能な街を目指すならば、これまでのサービスや消費のありかたを根本から見直す必要がある。将来のためには、新しい発展のモデルを採用すべきなのである。例えば、都市の生活サイクルの正常化には、恒常的なゴミの再利用が必要だろう。また、街の中での移動に車以外の方法を用いたり、これまでとは違った働き方を採用したりすることも必要だ。そして、これからは脱炭素型の都市への移行が絶対に必要となってくるが、そのためには、エネルギーを節約し、自然の資源を大切にする新しい経済モデルを作らなければならない。それだけではなく、街の統制、税制の改革、市場の調整、ルールの制定などにおける見直しなども必須だ。デジタル技術や最新のテクノロジーを活用すれば、環境と共存する形の新たな都市の機能やサービスを生み出すこともできるだろう。そのような機能やサービスを通じて私たち市民全員が、環境に配慮した新しい生き方を実行することこそが、最も大切なのだ。

二〇一七年、「リキッド・モダニティ（人間関係や物が変化にさらされ、流動的になった社会）[*23]」の提唱者で、偉大な哲学者であり社会学者でもあったジグムント・バウマンが亡くなった。そのとき私は、彼の功績をたたえる文章を書き、都市生活について、そしてその都市生活を変えるために必要な文化の力についての彼の文章を引用している。[*24]私にとって彼は、豊かなインスピレーションを与えてくれる存在であった。私は、気候変動や資源の枯渇といった切迫した危機への根本的な解決策として、都市の物理的・非物理的両面における再検討を行い、多数の中心を持つ街や多機能の街を作る、という解決策を提案しているが、この考えの源泉は彼の思想なのである。

グローバリゼーションは「サイバースペース」やどこか遠くの「外の場所」で展開しているのではない。この場所で、私たちの周り、皆が歩く道端や家の中で展開しているのである。……今日の都市は、まるでグローバル化の過程で生じた不都合が積もったゴミ捨て場のような様相を呈している。しかし、その一方で、街は二四時間、週七日、毎日開かれている学校のようなものでもある。私たちは街に住むことで、多様な人々と出会い、学ぶ。自分と異なる人とともに生きる喜びを知れば、違いということを脅威と感じることはなくなるだろう。都市で生活する人々は、違いの中で生活することを学び、違いという脅威を成長のための機会として受け入れるべきだ。「さまざまな要素であふれる街の風景」は「混在を歓迎する」態度と「混在を拒否する」態度をともに生み出す。違いを持った人々と生活をともにするという現実を「文明の衝突」として捉えるならば、恐ろしいものと感じられるが、自分とは別の「文化の色」を持った隣人と日々、交流することでその現実を当たり前のものとして受け入れることもできる。

必要なのは多様性を受け入れた上での都市改革だ。そのためにも、街が個別に改革を進めるのではなく、さまざまな考えを持った他の街との交流も重要となってくるだろう。そうすれば広い視野で将来を考えることができる。

Ｃ40都市気候リーダーグループという、気候変動への対策に取り組む世界約一〇〇の大都市が作るネットワークが二〇〇五年に設立されたが、こういった都市の声を世界に示す行動が今後、とても重要となってくる。その他にも都市の代表者たちのネットワークが生まれているが、これらのネットワークの登場は、気候変動への対策について都市と世界との関係性が大きく変わったことを物語っている。人間が将来、生き延びるためには世界が変わらなくてはならない。そして、世界が変わるための提案を街や大都市の政治が積極的に行うようになってきたのである。Ｃ40都市気候リーダーグループやその他の取り組みを通じて、パリやニューヨーク、ロサンゼルス、シカゴ、ポートランド、ソウル、東京、メデジン、ブエノスアイレス、シドニー、オークランド、バンクーバー、トロント、モントリオール、キガリ、ケルン、チェンナイ、広州などといった都市が行動をはじめている。道のりはまだまだ長いが、これらの都市の取り組みは大変心強い。

未来の世代のために、脱炭素社会を絶対に実現させなくてはならない。すべての知性と同じく、都市の持つ知性も変化に対応する能力、特に環境の変化に対応する能力にこそ、その存在意義がある。今こそ都市の知性を発揮するべきときだ。問題となっている気候変動に対して都市は具体的な解決策を見つけ出し、国を助け、ときには国の過ちを正していかなくてはならない。生活の都市化が進んでいるということは、都市の行動が世界の動向を左右するということとを意味する。ならば、都市が率先して行動し、気候変動に対して具体的な回答を打ち出すことができるということでもある。市民の生活の質を守ることが都市の代表者たちの大切な役目だ。都市の代表者たちは、包括的なビジョンを持ち、それを実行に移すことができなくてはならない。都市に求められることは、空気や水、気候といった自然の要素と調和する移動手段、住まい、健康対策を生み出すことである。COP21（国連気候変動枠組条約第二一回締約国会議）の開催以来、都市の役割がこれまでにないほど注目され、その影響力の強さは決定的なものとなった。これからの数十年、都市の首長や代表者をはじめとした都市の全体が国や世界の牽引役を務めることになるだろう。しかし、都市が世界を導いていくためには、多くの投資や市民の参加が必要であろうし、都市空間全体の柔軟な変化もなくてはならない。そのためにも今後、街や大都市は、国に対し都市の自治権限の拡大など、戦略的な働きかけを行っていくことになるだろう。

「都市の行動をより広範囲に展開するため、環境問題に取り組む事業への投資（グリーン投資）を進め、財政的な自治の拡大、条例の制定などを積極的に行っていく」。これは、二〇一五年パリにてCOP21と同時に行われた一〇〇〇の自治体の首長による気候サミットにおいて決定された共同宣言の一部である。このサミットは世界に対して都市が「積極的に影響力を行使する」立場となることを宣言し、成功のうちに終了した。これはヨーロッパや世界の主要都市がCOPの開催中に集まる初めての機会となった。「一〇〇〇の首長が気候変動への対策のために行動する」という旗印のもと、都市の代表者たちが一同に会したのである。その場において、具体的な施策の提案がなされている。例えば、電動バスの導入、街の中心部から車を排除すること、自動車道路を散歩道に作り替えること、河川の岸に公園を建設すること、現状の建物をエネルギー効率のよい建物や電気を生み出す建物へと変えること、屋上や壁面の緑化、都市の中での農業の再建、住民が新鮮な空気を吸うことができるようにすること、その他、住民が都市生活のあらゆる面において活発に活動できるように手助けすること、などである。気候サミットに調印した多くの都市がすでにその提案を実行に移している。なお、都市同士のネットワークとしてはこのサミットの他にも、都市・自治体連合[*25]、続可能な都市と地域を目指す自治体協議会[*26]、C40都市気候リーダーシップグループ[*27]、国際フランス語圏市長協会[*28]、欧州自治体・地域協議会[*29]など、数多くある。私たちの未来は都市や、住民一人一人の行動にかかっている。国家の政治に求められることは、生活を変えようとしている都市や住民たちを尊重し、その声を聴き、対話をすることである。

都市の世紀と言われる現代、生活を変えるために必要なのはすべての人々の参加や協力である。私たち自身のため、そして未来の世代のための行動が求められている。しかし、環境保全によって気候変動への対策をすればこと足りるわけではない。環境保全は、健全な経済活動や社会正義の実現にも関係している。公共の利益を追求すること、平等に豊かさを享受できる社会を目指すこと、そのことが今後一〇年間における課題となるだろう。

第 3 章

都市の複雑性

多様な顔を持つ都市：不完全、未完成、脆弱な都市

私たちの住む現代は地質学上では完新世と呼ばれる。完新世は今から約一万年前、氷河時代における最後の氷期が終了した時期からはじまる。完新世を特徴づける大事件と言えば、気候の大幅な変化だ。氷期が終了し、温暖な時期が到来したのである。この時期、人類は狩猟採集から農耕へと生活の主軸を転換させ、定住生活をはじめた。その結果、人口が大幅に増加することとなる。そうして人類は素材を加工したり、火を利用したりしながら進歩してきたが、とりわけ芸術表現を生み出したことは注目に値する。芸術表現は地球上の限られた地表に自分の存在を永久に刻み付けたいという人類の意思のあらわれであると言えるだろう。ヨーロッパではイギリスのジブラルタルにあるゴーハム洞窟の壁に刻まれた十字線が発見されているが、この線は人工的に刻まれたものであり、この場所に人間が居住していたことの証拠となっている。[*1] この十字は三万九〇〇〇年前のものとされているが、この頃から現代まで、人類は自然を変化させることによって地上を征服していったのである。そして人間による環境の改変が大規模なものとなった現代を特別に「人新世」と呼ぶことは第2章でも見たとおりである。現在まで人類は定住場所を見つけ、その場所を支配しようという欲望に突き動かされながら自分たちの社会を作り、領土を拡大していった。人類は自らの力を強大なものとすべく、より多くの資源や富を手に入れようと欲してきた。その結果、人々は対立を繰り返し、戦争を引き起こし、競い合ってきたのである。

ネアンデルタール人が絶滅し、人類がホモ・サピエンスのみとなった四万年前から人口は増え続け、一九六〇年には三〇億人に達し、五つの大陸のすべての気候の下、あらゆる緯度に位置する場所に住むこととなった。しかし、三〇億人まで増えるのに四万年かかった人類はその後、たった四〇年で二倍の数まで増えた。そして、二〇一四年には世界人口の半分以上が都市生活者となった。[*2] その間、人類は王国や帝国、国家とさまざまな共同体を作り、戦争や恐慌、その他さまざまな出来事を経験した。しかしそんな中でも都市はずっと存在し続けてきた。街は本質的に、どんな社会的・領土的共同体よりも永続するものなのだ。街は人々の確固としたよりどころであり、過去・現在・未来にわたり、さまざまな問題に対処する際の基盤となるべきものである。しかし、二〇世紀の後半になると、人類と自然との間に乖離が生じ、人類の未来に影が差しはじめた。自然との乖離はここ二〇年間で特に深刻化している。G8（主要国首脳会議）や国際連合など、国際的な意見交換や討論の場が設けられ、人々の活動を調整しようとする機関が存在してはいる。しかし、その努力もむなしく、人類の置かれている状況は急速に悪化している。自然と人間との不調和は、一つは都市生活の急激な拡大、もう一つは過度な大量生産・大量消費を土台とした社会モデルという二つの原因が重なって引き起こされたものだ。この世界は人間や他の生物全体が複雑に絡み合って成立しているが、そんな世界の中に亀裂が生じている。生物すべてにとって欠かせない四つの要素である空気、水、火、土の調和が乱れているのだ。

空気、水、火、土を取り巻く現代の状況を見てみよう。空気に関してはどうだろう。現代では多くの人が都市に住んでいるが、空気の汚染が常態化し、すべての大都市がその影響に苦しめられている。水に関しては、水資源の確保が困難になる一方、人間の制御の手を離れ異常な悪天候を引き起こしている。火は人間により利用され、変換されてエネルギー源となっているが、二〇世紀の生活様式、特に熱エンジンを使用した機械や、都市の冷・暖房の供給のために火力エネルギーが濫用されていることで環境汚染の大きな要因となっている。そして土は古くから食物を生み出す要素であったが、無秩序に広がっている都市のおかげで、人々の生活や生存を脅かす原因ともなっている。特に世界の南にあるアフリカや東に位置するアジアでは、少ない土地を奪い合うように人々が増え続けている。そのために将来、大きな破局が訪れる可能性があるのだ。

この地球は「複雑性」という特徴を持っている。複雑性とは、すべてのものが相互に影響を与え合っているという性質である。しかしこれまで人類は、地球の複雑性を考慮せずに社会を作ってきた。そのしわ寄せで、さまざまな問題が起こっているのである。それぞれの都市が自己の利益を追求した結果、世界規模の大都市が生まれ、人口は爆発的に増えることとなったが、その一方で都市に住む人々の生活は破壊されることとなった。一九世紀の産業革命、二〇世紀前半の国民国家の形成、二一世紀前半のデジタル革命と人類は発展の歴史を歩んできた。そして現代は、国家が人々を統治する時代から、都市の時代へと切り替わっている。地球規模で都市化、「メガロポリス化（大都市が集まって大きな地域を形成すること）」といった現象が広がっているのである。

都市生活を動かすものはさまざまだ、人口の変動や、エネルギー生産の方法、原料から製品を作るまでの工程、輸送や交通などである。そしてそれらの要素に、気候の変化、自然災害などの危機が襲いかかっている。都市を構成する要素は常に変化し続け、その結果、私たちの日常生活も変わっていく。そんな変わりゆく都市生活の本質を理解するためには、都市の持つ複雑性を正しく理解する必要がある。都市の中のさまざまな要素は影響を与え合っている。さまざまな要素とは、人々の要望や、都市機能、サービス、物流などである。それだけではない。

街を構成するものは他にも、食料、住まい、環境、教育、文化、移動手段、保安、エネルギー、ゴミ、コミュニケーションなど、無数にある。それらは単独で存在しているわけではなく、それぞれが影響を与え合っている。それこそが複雑性の意味である。それらを総合的に分析し、理解することができれば、現代の危機に対する新しい解決策も見えてくるに違いない。

さまざまな要素が影響を与え合って都市が成立しているという事実を理解できれば、新しくどのような行動を起こすべきか、変化に適応するにはどうすればよいかということも分かってくるだろう。

複雑性についてもう少し詳しく見てみよう。都市の中の自然や資源、生産手段、消費行動、テクノロジー、デジタル技術といったさまざまものは、人類の進む方向に大きく関わっている。コロンビア大学教授のティモシー・ミッチェルは、著書『カーボン・デモクラシー』において、政治システムとエネルギー源、そして人々の生活様式の間に相関関係があることを示した。[*3] そして、どのようなエネルギー源を利用するかという政治システムの選択が、社会にどのような変化を起こしたかを分析している。二〇世紀の中頃から石油が世界の主要なエネルギー源として扱われることとなった。それに従って、産業や金融組織が形成された経緯は理解しやすいだろう。また、そのようにして出来上がった産業・金融組織が生産や消費における人々の新しい行動を生み出した。このように政治がどのようなエネルギーを選択するかということが、生活の最も日常的な場面までをも規定することとなったというわけだ。

このように主要なエネルギー源としての石油、そして石油を中心に発展した都市によって新しい日常生活が築かれたわけである。新しい生活様式は急激に地球上に広がり、都市特有の時間の流れが生まれた。たとえ広い土地に少ない人々が暮らすような場所であっても、都市化の影響は無縁ではない。都市化は、世界中に共通する現象であり、その現実が人々の行動のすべてを支配しているのである。都市の拡大にともない建物はどんどんと高くなっていった。また、より多様なサービスへの需要が高まった結果、第三次産業の割合が膨れ上がった。都市の中心部は高級住宅で埋められ、それまで離れていた都市同士がインフラでつながり、より広い都市空間が出来上がっていった。また、この広い都市空間内で、富の再配分の仕組みが出来上がった。こうして、「連接都市化（隣接する都市が融合すること）」や「巨大都市化」、「メガロポリス化（大都市の連結）」、「ハイパーリージョン化（都市圏の融合）」といったようなさまざまな形態をとりながら、都市の拡大が進んでいったのである。また、大量生産・大量消費のモデルに支えられ、都市の巨大化の動きは加速していく。そしてそれにともない、新しい危機が次々と生まれることとなる。それらは相互に関係のある四つの危機だ。一つ目が環境破壊による危機、二つ目が社会格差の拡大、三つ目がセグリゲーション（一定の属性を持つ人々が集まって住み、それぞれの居住地が分離すること）、四つ目が都市の個性の喪失である。

都市の姿は一つではない、人が集まる街や成功した街が生まれる一方、荒廃する街も生まれてしまう。裕福な街が生まれる一方、社会不安にさらされる街も出てくる。このように発展する街の陰では衰退する街が必ず生まれることとなる。また、一つの街の中にも、光と影、両面がある。豊かな財産を持ちきらびやかに輝く街は、多くの犯罪にさらされる街でもある。商業都市がにぎわう一方、貧困が蔓延し、三つの職を掛け持ちしなくては生きていけない人が住む街もある。ニューヨークの中のクイーンズ、上海の中の浦東地区、東京の中の新宿、こういった場所は都市の光と影をあわせ持つ場所である。これも都市の持つ複雑性の一端だ。

都市というものはさまざまな要素が影響を与え合って成立している。また、都市はさまざまな状況に適応しながら発展していく。これこそが都市の持つ複雑性である。そして、複雑性を持つ都市が人々の生活を作り上げている。私は、都市についての研究をその複雑性についての体系的な分析からはじめた。競い合いながら発展している都市というものについて、その構造や成り立ち、都市社会の形態、経済的影響、都市の魅力などに興味を向けてきたのである。その中で分かったことがある。都市を知るためには、インフラやデジタル技術といったものだけを見ていたのでは不十分だということだ。都市に住む人々の姿、住民の要望、都市空間が作る社会など、さまざまな面から都市を見ていく必要がある。都市とは、生活の土台であり、人々がともに生きる場である。都市はそれぞれの個性を持ち、それぞれ独自の複雑性を持つ。街は住民たちの歴史を反映し、そこに生きる住民たちの共通の計画により作り上げられる。都市を形作るさまざまな要素の重なり合い、複雑さを理解することが重要なのだ。

都市が複雑なものであるということは、都市が抱える問題への解決も簡単ではないということを意味する。カーシェアリングについて考えてみよう。カーシェアリングは住民が移動のコストを軽減することができる上に、環境への配慮もできる優れたサービスである。しかし、だからといって、カーシェアリングへの移行が簡単に進むわけではない。ヨーロッパの大都市ではカーシェアリングが進んでいるが、ラテンアメリカの国々やアメリカ合衆国ではあまり浸透していない。自らの社会的身分を誇示するものとして車を捉える考え方が根強く残っているためである。また、自動車に代わる移動手段の普及に関しても、同じような理由によって普及の程度に差が生じている。北ヨーロッパでは以前から自動車の代わりに自転車など環境への影響が少ない移動手段への移行が進められているのに対し、フランスを含めた南ヨーロッパでは、強い反発が残っている。人々の考えや行動も複雑なため、改革は容易ではないのだ。

このように都市は複雑性によって成り立っている。ならば、都市の抱える問題を解決するには、都市の複雑性を前提とした取り組みが必要となる。それぞれの置かれた状況は違っても、私たちの目標は同じはずだ。その目標とは、生活の質の向上である。喜ばしいことに、都市の複雑性を前提とした活動がすでにはじまっている。それらの活動には大きく三つの柱がある。

一つ目は、すべての住民を受け入れる社会を目指すこと。二つ目は、都市インフラを見直すこと、そして三つ目が最新テクノロジーの活用である。もちろん課題も残っている。それは行政組織の縦割り構造だ。改革の分野によってそれぞれ担当する部署が異なるという事情が、改革への足かせとなってしまっている。都市はさまざまな要素が関わり合う複雑な存在である。都市の複雑性を理解し、行政の構造を都市の持つ複雑性に合わせなくては都市の改革は失敗するだろう。そして、すべての都市に共通して言えることがある。街は常に未完成の状態であるということだ。理想的な街などどこにも存在しない。街は常に作りかけであり、発展や修正の途中なのである。リーダーたちの展望がいかに優れているものであろうとも、街が完成することはない。どんなに努力しても、街の中では、不法行為や機能障害、公害などが消えてなくなることはない。これらの弊害は都市の一部だ。都市は複雑で常に変わりゆくという事実を常に意識しておかなければならない。また、街というものは脆弱で、ほんのわずかな出来事が全体の大混乱を招くこともあるのである。

都市が複雑なものであるという現実に対し、都市の行政は常に謙虚に向き合う必要がある。都市に住む自分たちの存在が一時的なものにすぎないことを自覚し、利己的な主張は抑えるべきだろう。その一方、街自体は変化を重ねながらも存在し続け、現在の私たちが消え去ろうとも残っていく。つまり、変化を続ける街の中にも、ずっと続いていく本質的な要素があるということだ。それは、街が人々の共通の財産であるという事実である。しかし、変わらない面がある一方、変わっていくこともある。多様な顔を見せる街の中で、さまざまな出来事が都市の物質面や精神面における変化を引き起こしてきた。例えば、ユビキタスの実現である。二一世紀がはじまると、ユビキタスが実現し、いつでも、どこでも人やものがつながり、瞬時に情報にアクセスすることが可能となった。その結果、都市空間や都市生活の形や中身が根本的に変化したのである。作家ホルヘ・ルイス・ボルヘスの『アレフ』を読めば分かるように[*4]、社会の網目や新しいメディアこそが都市という空間を体現しているのである。現代ではすべての人々があらゆる方法を用いて都市へアクセスすることができるようになった。それはつまり、ほんの小さな変化や、わずかな不都合がすべての人の目にさらされているということをも意味するのである。

都市を構成するさまざまな要素が影響を与え合っており、都市は複雑なシステムによって成り立っているということは、もはや当然の事実である。しかし、この複雑性を理解しつつ都市の姿を考え、将来の危機に対処することは、とても困難だ。都市の外側を一見しただけでは、複雑さの本質はわからない。だが都市にとって必要な改革は、この複雑性を正しく理解した上でなければ、成し遂げられないのである。

都市が常に変化するものであるということを、パリを例として見てみよう。エトワール広場は、今でこそ一二の大通りが接続し、多くの車が行きかうロータリーであるが、当初はこのような姿ではなかった。第二共和制から第二帝政までの間、この広場は競馬場や娯楽施設、遊歩道などを備える街の中の公園であった。第二帝政の時代になって、セーヌ県知事オスマン男爵によってパリの大改造が進められ、数々の工事が行われた。こうして一八五四年、エトワール広場に通りが追加され、現在と同じ一二本の通りを持つ広場となったのである。詩人ボードレールはパリ大改造について詩集『悪の華』の「白鳥」と題した詩の中で「街の形は目まぐるしく変わる。人の心よりも速度は速い」、と嘆いている。その後、一九六〇年代から一九七〇年代初頭にかけて無数の工事が実施され、パリの姿は大きく変わることとなる（ちなみに、フランス国立視聴覚研究所の映像アーカイブは、工事で「囲いや柵が張り巡らされた街」となったパリの姿を記録している）。この時代にパリが変貌した理由は、自動車への信仰が高まり、車のための道路が多く作られたことだ。パリを取り囲む環状高速道路の建設は一九五六年にはじまった。この道路の全長は三五キロメートルにも及び、パリを取り囲む通りであるブルバール・デ・マレショーのさらに外側を走ることとなった。工事が完了したのは一九七三年の四月二五日のことだ。また、パリ右岸の川岸にある通りの数々は、それまでは家族や友人たちが散歩したり一休みしたりするような静かな遊歩道であったが、自動車のために整備され、様相が一変してしまう。同じくこの時期、一九六五年に作られた「都市整備基本計画」の下、公共鉄道網である首都圏高速交通網（RER）の建設計画が立てられた。これはパリ中心部と郊外をより早く行き来することができるようにするのが目的であった。その他にも、一九六九年に建設がはじまったモンパルナスタワーという巨大建築物も忘れてはならない。

このようなパリの変化を記述していけばそのリストは膨大なものとなるだろう。パリの変貌は、どのように「街を制作」していくかという将来への展望に沿う形で起こったのである。都市の展望は、住民の生活の仕方や働き方、街の担う社会的機能のありかたに関わっている。例えば食品が行きかう中央市場はかつてパリにあったが、パリにフォーロム・デ・アールというショッピングセンターが建設されたことで移転され、現在はランジスという街に移転されている。フォーロム・デ・アールの工事は一〇年間近く続き、一九七九年に当時のパリ市長、ジャック・シラクにより落成式が行われた。これは、パリを文化の街とするという展望によって生まれた事業であろう。また、一九六九年に大統領に就任したジョルジュ・ポンピドゥーは芸術に対する執心から、ボブール地区に文化施設であるポンピドゥーセンターの建設を開始した。工事は何年も続き、一九七七年にようやく開館することとなった。この工事はこの地区を芸術の場にする、という展望に沿って進められたのだ。これらは、都市の機能や展望の変化で街の形も変化したという一例である。

パリで行われた大工事を数え上げていけばきりがない。これらの工事のことを考えれば、「変化のない都市」という理想は誤ったものであることが分かるだろう。都市は常に、どこかが変化している。つまり、変化し続けることこそが都市の本質なのである。都市は常に何らかの課題を抱えており、課題は次々に都市に降りかかってくる。都市はそれらの課題に答えるために変化し続けていくのだ。どのように電気や水、ガス、暖房を管理していくか、どのように新しいテクノロジー（光ファイバー、自転車シェアのステーション、カーシェアリングなど）を導入するか、都市の中の公園をきれいな状態に維持していくにはどうすればよいか、など課題はいくらでもある。都市の環境や生活様式に応じて、都市の工事が行われる。今の都市は必ず数年後には根本的な変化を経験する。生活様式に従って変わることもあるし、気候変動の影響を和らげるためにより大きな変化が起こることもある。変化のない街を実現するなどという理想は、悪質なデマか単なる無理解の結果のどちらかにすぎない。

世界中の多くの都市が根本的な改革に乗り出している。気候変動への対応が緊急の課題であるからだ。気候変動という危機を回避するには、都市はどのように変わっていくべきなのだろうか。まずは気候変動という危機がどのような性質を持っているかについて改めて考えてみよう。気候変動について考える際も「複雑性」という概念は重要だ。世界のものごとは複雑な影響関係で結ばれているため、ある場所での気候変動の影響は世界中に広がっていく。例えば、北極での大きな気候変動について見てみよう。北極における環境保護などに関する国際的な協力を目的に設立された北極評議会の中の北極監視評価プログラムの一部に、SWIPAプロジェクト（Snow, Water, Ice and Permafrost in the Arctic）というものがある。[*5] これは八〇人の研究者による共同研究であるが、このSWIPAプロジェクトの報告を見ると、北極の変動の影響は世界中の人々や資源、生態系に波及していることが分かる。また、この報告書が特に警告していることによると、二〇三〇年の夏まで、もしくはもっと早くに、北極海の氷の大部分が溶けてしまうそうだ。報告では他にも深刻な事態が予想されている。「永久凍土には世界中の約五〇パーセントもの二酸化炭素が閉じ込められている。しかし、その永久凍土が溶けはじめている。また、永久凍土が溶けることで、その北極のインフラが破壊される恐れがある。さらに、永久凍土の融解で、大量のメタンガスが大気中に放出される恐れもある」。世界のすべてはつながっており、相互に影響を与え合っている。北極での出来事が遠く離れた私たちにも関わってくるのだ。「北極での変動が引き金となり、東南アジアのような遠く離れた地域でも気象の変化が起こっている。極循環（北極・南極付近の気温の低い地域によって起こる地球規模の大気循環、ジェット気流の名で知られている）が弱まっていることが主な原因である」。北極の氷についての専門家であり、SWIPA報告の中心執筆者の一人であるマニトバ大学教授デイヴィッド・バーバーはこう指摘する。「北極は地球の他の部分とつながっている」。北極の気候変動は地球の他の場所の海面上昇などの事態を引き起こしている。また北極の異常な気候変動は、大気中の水分の凝結や降雨に影響を及ぼし、地球全体の水の循環サイクルを狂わせてもいる。

私たちは都市の複雑性をきちんと理解し、世界中の社会や自然環境と上手に調和していく道を模索しなくてはならない。現状では都市と自然とは調和している状態とはほど遠い。フランスを例にとると、八〇パーセントのフランス人は国土の二〇パーセントに固まって生活している。[*6] また、世界人口の半分は地球全体のたった一パーセントに集中しているのである。[*7] 地球上の小さな場所に多くの人が集まるという都市での生活に、私たちは疲れてしまっている。しかし、それにも関わらず都市は人々の欲望の対象であり、都市の生活様式は今も拡大し続けている。その結果、環境汚染は日々深刻化し、生物多様性は失われている。人々を隔てる社会的な対立は深刻化し、水の供給は不平等なものとなっている。人口は増え続け、それにともない、食料の需要も膨らみ続けている。その弊害は私たちの地球の状況を一見するだけで明らかだ。各地で洪水や火災、自然災害が起こり、生態系への危機が発生しているのだ。そして、今、新型コロナウイルスという新たな脅威が世界中に蔓延しているのである。

本来、世界は一つのはずである。しかし、エドガール・モランも指摘しているように、世界の中で本来なら一つであるはずのものが、人の手によって無理やりに引き離されてしまっているのが現状だ。だがそんな中でも、それらの要素を再び一つにしようという動きがようやくはじまったのである。例えばコロンビアのメデジンは根本的な改革を成し遂げた。最近まで麻薬カルテルが支配し、荒廃した街であったメデジンは生まれ変わった。最新技術だけではなく、ストリートアートなどの「ローテク」な文化も取り入れながら、危機からの復活を果たした。街の問題点を正しく見つめる目、暴力の横行する危機な状況からの脱却を図る確固とした意志、マフィアの支配からの解放を真に願う気持ち、これらが合わさり、改革が成功したのだ。メデジンは人々の生活を中心にすえ、不自然に分割された都市に調和を与える改革で生まれ変わった。このように世界では今、住民の生活を第一に考えた街づくりの運動が広がっているのである。

しかしその一方、危機に瀕している街も存在する。例えばアメリカの工業都市地帯である「ラストベルト」*8などである。しかし、そういった街にも生まれ変わるチャンスはある。デトロイトがそのよい例だ。街を市民の手に戻し、それぞれの街の改革にそれぞれの事情に見合った方法を見つけ出す「ドゥー・イット・ユアセルフ」の姿勢が大切なのである。

また、都市同士の関係も変化している。都市は複雑な存在であることはこれまで見てきたとおりだ。そして、複雑性を持つからこそ、新しい都市の関係性が生まれる。都市同士の関係は、国と国との関係とは違った関係を結んでいる。国家とは異なり、都市に明確な壁はなく、相互は複雑に絡み合っているのである。例えば、サンフランシスコからサンディエゴまでに至る地帯では、大都市が融合し、一つのまとまりを作っていると考えることができる。この地帯は、「サンサン」と呼ばれ、六八〇〇万人を抱える巨大都市圏である。同じく、ボストンからワシントンDCまでの一帯は、七〇〇〇万人を有する「ボスウォッシュ」という巨大都市圏と考えることができる。これらの都市同士のまとまりは、一九六一年に想像力あふれる地理学者ジャン・ゴットマンの著書『メガロポリス』において、そのタイトルどおり、「メガロポリス」と名付けられている。[*9] メガロポリスは、国家同士のつながりである連邦国家とは異なる形で、都市特有の活気に満ちたまとまりを形成しているのである。都市のまとまりは、例えば選挙などといった政治の場面などで国家とは異なる動きを見せている。ドナルド・トランプが大統領であった際に、彼の姿勢に真っ先に抵抗し、気候に関する国際的同意の尊重を求め、移民の保護や人々の自由を守る訴えを起こしたのは、都市に住む人々なのである。

もちろん、都市が広がって世界が理想的な姿となっているとは言い難いのが現状だ。都市に広がる空は姿を変えている。都市の明かりが邪魔をして、夜になっても本来の空の姿、美しい銀河や満点の星空、天体の運行を見ることができず、宇宙の広大さを夢見ることもままならない。空は灰色になり、重苦しい雲で覆われ、ときに人間に害を及ぼすものとなってしまった。都市が拡大しても、人々の調和がとれたユートピアの実現にはほど遠い。それぞれの神を信仰する人々は傷つけ合い、政党間、地域や国家間の争いは激しくなる一方である。他者に対する敵対心は人の心に深く残っている。心の中の壁が現実の壁となる。世界では嘘が横行し、攻撃的な言動が発せられ、人と人とが対立し合っている。疑い合い、憎しみ合い、暴力が生まれる。こうして世界崩壊が現実のものとなろうとしている。

しかし、そんな今だからこそ、私たちは都市本来の活力をよみがえらせ、国民国家の政治とは異なった形で、豊かな生活や人々の多様性を守っていかなくてはならない。気候変動という危機が迫り、都市の持つ新陳代謝が滞り、人間の生存が脅かされている。この危機は、これまでの歴史で人類が直面した危機とは異なり、人間自身の活動が招いたものなのだ。だからこそ都市に住む人々には重い責任がある。都市生活者は、教育や意思表示、行動を通じて、危機を回避する責任を負っているのである。

都市に希望は残されている。技術革新やバイオテクノロジー、ナノテクノロジーといった多様な技術の登場によって、人類が過去に引き起こした被害を食い止め、損害を回復させたりすることも可能になってきている。また、私たちの意識（「人新世」の現代における人間の影響力の大きさの自覚）や建築方法（コンクリートのような人工物ではなく木などの有機物を用いた建築）、ゴミの捨て方（リサイクルへの意識を持ったゴミ廃棄）なども改善してきている。つまりは、人間以外の生物への配慮の気持ちが芽生えてきた。それでは、これからの新しい街はどのようなものになっていくのだろうか。私は未来に求められる街を「15分都市」と名付けている。中心が一か所に固まらず多数の中心を持ち、一つの施設が多数の機能を果たし、基本的なサービスを提供する施設が住民の移動一五分の圏内にある街のことである。「15分都市」というコンセプトを採用すれば、さまざまな施設や設備を有効に活用することができ、それらの施設が人々の豊かな生活を可能としてくれるとともに、多様な人々を受け入れる社会が実現できる。考えてみてほしい。私たちの生活に必要な場所や建物、公共の場所、ガレージ、教育の施設などが単独の機能しか果たさず、一日のうちの三分の二以上の時間は誰も使わない、ということは非合理的ではないだろうか。それぞれの施設の用途を多様化すれば多くのサービスを賄うことができるはずだ。いたずらに新しいものを建てるのではなく、出来る限り既存の建物を新しく利用する、つまり都市の新陳代謝を実現することのほうが重要だ。そして、公共のスペースや緑の場所を増やし、生物多様性守ることなども考えなくてはならない。新しい都市は市民が交流し、関係を深めることのできる公共の場を多く持つことになるだろう。都市の変革への投資が成功したかどうかは、市民が出会い、交流する場をどれほど提供できたかによって判断すべきだ。私はこれまで都市に関してさまざまな提言を行ってきたが、特に重視したのが、市民の交流の場を作ることであった。市民が交流し、関係を深めることで都市のまとまりが強くなり、都市の持つ脆弱性への解決にもつながる。しかし公共の場が自動車に占領されているならば、このような人々の絆は生まれることはないだろう。車のための空間を市民のための空間に変えていくべきである。今こそ活気に満ちた二一世紀特有の価値観を確立すべきときだ。きれいな空気を吸うことができる環境や、人々が交流する場を都市が提供するのだ。すべての街は住民に必要なものを提供し、社会的な課題（人々がともによりよく生きるための社会の実現）や経済的課題、文化的課題、エコロジーの課題を解決するものでなくてはならない。そして、これら都市の抱える課題の解決の糸口は、すべての人を等しく受け入れる社会の実現にある。そのための有効なコンセプトが、「15分都市」なのである。

もちろん新しい街への移行はスムーズにいくとは限らない。都市が生まれ変わるためには、ある程度の忍耐と確固とした意志が必要だ。住民は新しい生活への移行にともなう不都合を感じることもあるだろう。例えば、街からディーゼル車を廃絶することはどうしても必要だが、これはドライバーをいたずらに苦しめることが目的ではない。あくまでも、健康に害を及ぼす微粒子の排出を抑えるためなのだ。ディーゼル車を規制しなければ、これから一〇年後、より悪い結果を招くことになってしまうだろう。

前章で「私たちの生活を変えたいのならば、私たちの街を変えなくてはならない」、と書いたが、その逆のことも言える。街を変えるためには、私たちの生活を変えなくてはならない。私たちは今、非常に困難な局面を迎えている。それは、これまでの生活から新しい生活への変化の境目に私たちがいるからだ。街の行政を担う側は市民のことを第一に考えながら、人々が資源を分け合い、公共の福祉につながるような生活様式を提案していかなくてはならない。問題を解決することのできる街とは、共有財産を上手く利用し、その価値を高めていくことのできる街のことだろう。そのためには行政の取り組みだけでは十分ではない。積極的に行動する住民によって未来が開かれるのである。共有財産の大切さを自覚し、皆が一緒に生活することの大切さを再認識していくことが必要だ。都市の未来に向けた挑戦は、同時に都市の本質に立ち返ることでもある。都市の本質とは複雑性である。都市は本来、さまざまなものとの関わり合いに支えられている。自然環境や社会のさまざまな要素が絡み合い、住民の発想や創意工夫が生まれる場、それが都市なのだ。しかし、これら本来一つであったさまざまな要素は、無意味に引き離されてしまっている。もう一度、切れてしまった一体感を取り戻さなければならない。フランス語で「複雑性」は、「complexité（コンプレキシテ）」という。その語源はラテン語の「*complexus*」である。[*10] その意味は「一緒に織り込む」というものだ。もう一度この「複雑さ＝ともにある」という言葉の意味を重視しながら、都市を作り上げていくべきなのだ。

第4章

都市に生きる権利

都市への権利から
都市の中で生きる権利へ

フランスを代表するシンガーソングライターであるピエール・バルー[*1]が一九八九年に美しいシャンソンの歌詞を書いている。題名は、「ラスト・チャンス・キャバレーで」。この歌は歌手のイヴ・モンタンが生前、最後に録音した作品となった。歌詞の中でバルーはこのように書いている。「目を開いて夢見る人がいる。目を閉じて生きている人もいる」。私たちを常識の外へ連れて行ってくれるのが芸術の力であり、芸術によって未来への新たな希望が見つかるときもある。バルーがこの作品を書いた同じ年、ベルリンの壁が崩壊した。私はその様子を目の当たりにしている。旧西ベルリンのアメリカ統治地域であったクロイツベルクに滞在していたのである。当時、西ベルリンと東ベルリンでは対照的な空気が流れていた。不法占拠された建物が立ち並び、体制を批判する社会運動やカウンターカルチャーが生まれていた西ベルリンに対し、ほんの数百メートルしか離れていない東ベルリンでは秩序維持が強制的に行われていたのであった。壁の崩壊が起こったとき、人々の熱気や希望が沸き上がっていくのが感じられた。

群衆の数はだんだんと増えていき、人々が恐怖に打ち勝ちながら、壁に穴を開けていった。東ベルリンの住民たちは、はじめは数十人、その後、数百人、数千人と西ベルリンへと入っていったのだ。彼らは拍手で迎えられ、監視の目もなく、自由に西側へと移動したのだ。まるで夢のような光景であった。ベルリンでも他の所でも、この世はまさに、「目を開いて夢見る人がいる。目を閉じて生きている人もいる」世界なのだ。しかし、それはどのような夢なのだろうか。夢の生活とはどのようなものなのだろうか。統一された街での生活だろうか。望む場所へ自由に移動することができるということだろうか。皆がお金の心配をせずに基礎的なサービスを受けることができるということだろうか。生まれの違いに関わらず、街がすべての人々を受け入れるということだろうか。街で文化が花開き、私たちの生活に欠かせないものとなってくれることだろうか。[*2]

二〇〇一年にベルリンでは行政改革が行われ、二二あった区が一二となった。クロイツベルクは旧東ベルリンのフリードリヒスハインと合併することとなる。両区の合併は旧西ベルリンと旧東ベルリンというかつて対立していた二つの生活が一つになったという事実を雄弁に物語っている。[*3] かつてフリードリヒスハインにあった建物の様子はまだ人々の記憶に残っている。建物はドイツで一番長い通りであるカール・マルクス通り（全長二・六キロメートル）に沿って建てられていた。カール・マルクス通りは第二次世界大戦の間に完全に破壊されたが、一九五〇年代の「社会主義リアリズム」の時代に四万五千人の労働者の無償の働きによって再建された通りである。幅八九メートルで、車線は八本あり、広い歩道はドイツの歴史を象徴するアレクサンダー広場へとつながっている。この広場はかつて、ドイツ民主共和国（旧東ドイツ）の軍隊パレードが行われる場所であった。この地域や通りは、ベルリン州の活動にも関わらずいまだ世界遺産に登録されてはいない。しかしここはドイツのさまざまな面、特に権力の移り変わりを象徴する場所である。ベルリンの壁崩壊から三〇年たった今、権力と国家、都市と住民とはどのような関係にあるのだろうか。

一九九〇年の東西ドイツ統合後、ベルリン再編ために数多くの工事が行われた。ドイツ連邦の首都はボンからベルリンに移され、重要な建築計画、都市計画が実行された。こうして街の様相は一変した。[*4] ベルリンには人が集まり、世界都市・国際都市としての独自の成長を遂げていくこととなる。ベルリンの発展は、これまでの国家主導の改革とは異なり、都市自身が中心となって進められた。その結果、エコロジーを重視しながら、新しい形の経済的価値、社会的価値を生み出すこととなった。改革は三〇年足らずのうちに実現し、ベルリンはヨーロッパで最も重要な都市の一つとなった。そして今、私たちの街も、同じように、都市主導の再生が求められているのである。

二〇一九年、グローバルシティ・インベストメント・モニター[*5]が二〇一八年に調査した報告書が発表された。この調査は、三五の世界的大都市を調べ、雇用の創出につながった新規事業の数を見積もったものである。それによると、ヨーロッパは西東どちらも大幅な進歩を見せ、アジアや北アメリカを大きく引き離している。そのトップはパリで、イギリスの欧州連合離脱後のヨーロッパで第一の投資先となっている。そして、パリを含むイル・ド・フランス地域は二〇一四年から二〇一八年にかけて西ヨーロッパでの研究開発の主な投資先であり、世界での研究開発投資の四七パーセントを占めていることが明らかになった。パリとイル・ド・フランス地域の後には、シンガポールとインドのバンガロールが続いている。調査を見てみると、世界全体が地理・経済的に新しい動きを見せていることが分かる。ヨーロッパが躍進している一方、投資数の上位一五の都市のうち、一〇の都市がアジアの都市であることは見逃せない事実だ。研究開発投資という基準以外でも、それぞれの世界都市、大都市、メガロポリスの地政学的な勢力図に大きな変化が生じていることに注目するべきだろう。

ここで世界と都市の影響関係についての諸研究について振り返ってみよう。一九六一年には、「メガロポリス」という概念がフランス系アメリカ人の地理学者、ジャン・ゴットマンの『メガロポリス――都市化した合衆国北東部沿岸部』において提唱された。[*6] メガロポリスは、都市を単体としてみるのではなく、一帯に集まる諸都市を一つのまとまりとして捉えるもので、一二〇〇万人以上の人々を包摂する新しい都市の単位となった。また、歴史学者フェルナン・ブローデルは一九七九年に、「世界都市」という概念を、「そこに行きから情報、商品、資本、信用取引、規則、商業文書」から詳細に描き出している。[*7] 一九六六年には、ピーター・ホール卿が「世界都市」に関する研究の中で、都市が世界情勢に与える影響を指摘している。[*8] そして、ホールの考えは一九八二年、ジョン・フリードマンとゲッツ・ウォルフの二人が取り上げ、さらに深く検討されることとなる。[*9]

一九九一年にはサスキア・サッセンが「グローバルシティ」という概念を生み出した。彼女は、幅広い分野を横断しながら、街が強大な経済的・政治的・文化的求心力を持ち、世界に大きな影響を与えうる存在であることを示した。こうして街が世界の情勢を左右する存在であること、街同士がネットワークを形成して、グローバル化した経済や社会を主導する力を持つことが明らかにされたのだ。また、イギリス、ラフバラー大学のピーター・J・タイラー教授により設立された研究機関である世界都市研究ネットワーク（GaWC）[*10]は、グローバル化した世界の中に街がどのように関わっているかを研究している機関であるが、そこでは世界都市同士のつながりの仕方でそれぞれの格付けすることが提案されている（アルファ、ベータ、ガンマ）。また、サスキア・サッセンの先駆的な著作の後、二〇〇一年には地理学分野でのノーベル賞とも言われるヴォートラン・ルッド国際地理学賞を受賞した地理学者のアレン・スコットが、

「グローバル・シティ・リージョンズ」という概念を提案した。[11] これは「グローバルシティ」をより広範囲に拡大した概念である。「グローバル・シティ・リージョンズ」とは、グローバルシティの力によって、都市空間と世界の領土が再編成される現象のことを指している。これらの研究が明らかにしているように、拡大を続ける都市空間は都市郊外や周辺地域をも巻き込んで、大きな変化を生み出している。また、都市をめぐる状況の変化は、人々全体の関係性をも大きく変えているのである。

それでは、都市の中ではどのようなことが起こっているのだろうか。経済に対する金融市場の影響力の増大、サービス業の巨大化、デジタル技術の浸透、仕事や雇用の変化、都市内での人々の関係の変化、規模の経済（生産、運営の規模を大きくすればするほど、個々のコストが下がるという考え方）にのっとった首都圏へのインフラの集中化、教育や技術開発の場の集中化などが都市の中で起こっている。こうして、世界都市の中に中心部が出来上がり、その中心が周辺の地域や周辺の都市の約一〇〇キロメートルの範囲に影響力を及ぼしている。このような状況はそこに住む人々と都市機能との関係、人とサービス、人と土地との関係を決定的に変えた。また多くの場合、都市と人との関係の変化は、そこに住む人々同士の関係をも変えてしまう。社会的な格差や、住む場所による不平等が生じてしまっているのである。その結果、人々のつながりは弱まり、街の脆弱性が露わとなり、発展の方向性をめぐって人々は分裂、対立しているのである。

世界都市内部の中心化と周囲への影響力の波及といった状況は、街の構造やその統治体制についての問題点を浮き彫りにしている。超巨大都市化、大都市の集合によるメガロポリス化、そしてその影響力の周囲への拡散といった状況をどう捉えるかといった問題は、将来の都市を考える上で避けては通れない問題である。未来の都市に必要なことは、例えば「スマートシティ」や「スマートメトロポリス」、「スマートリージョン」といった単純なスローガンを作り出すことではない。さまざまな要素が絡み合う複雑な世界、都市化された世界の中で必要なのは、理想の都市実現のための実践的な計画であり、具体的な解決策なのである。

先ほども触れたが、ゴットマンは世界中に影響を与えた著作において、「メガロポリス」という用語を生み出し、それぞれのメガロポリスについてその将来の姿を描いて見せた。例えば、「ボスウォッシュ」と呼ばれる都市圏は、ボストンからワシントンD・Cまでを結んだ八〇〇キロメートルに及ぶ地帯で、ハートフォード、ニューヨーク、フィラデルフィア、その他アメリカ合衆国の東海岸沿岸に位置する住民一〇万人以上の街が集まったメガロポリスだ。「ボスウォッシュ」に住む人々は七〇〇〇万人にもなり[*12]、地域内のそれぞれの街は、経済的なつながりを持ち、交通によって人々が行き来したり[*13]、それぞれの街の人々が交流したりしている。こうして諸都市が一つのまとまりを形成しているのだ。同じようなメガロポリスは「サンサン」

と呼ばれるカリフォルニアの都市圏もある。[*14]「サンサン」はサンフランシスコとサンディエゴを結んだ地帯で、長さ六〇〇キロメートルの場所に四〇〇〇万人もの人々が住んでいる。[*15]

国の枠を超えたメガロポリスもある。北アメリカの五大湖周辺に広がるメガロポリスである「チピッツ（五大湖メガロポリス）」[*16]はシカゴ、デトロイト、ピッツバーグといったアメリカの大都市と、モントリオール、トロント、ケベック、オタワといったカナダの大都市が融合した形のメガロポリスであり、その人口は六五〇〇万人に上る。

中国でも現在、都市同士の融合という現象が起きている。例えば上海を中心とした超巨大都市圏がある。[*17]これは南京、広州、寧波といった大都市が集まったものであり、[*18]その範囲に農村地帯をも含んでいる。[*19]その人口は約八〇〇〇万人近くにも及ぶ。上海は長江デルタ地帯の東に突き出るように位置し、中国最大のダムである三峡ダムから水の供給を受けている中国の軸とも言える大都市だ。この上海が中心となって世界的な巨大港を有する長江デルタ地帯は、世界でも最も活気があり、最も都市化の進んだ地帯の一つになっている。また、中国には現在、人口一〇〇〇万人を超える街が一一九個あり、[*20]それらは一二の巨大都市圏を形成している。その中でも、北京や上海といった都市圏は総生産が三兆元（ユーロに換算すると三七〇〇億ユーロ）を超えるいわゆる「三兆元クラブ」と呼ばれており、ヨーロッパの経済規模一五位のアイルランドと同程度の規模を持っているのである。

日本では「東海道メガロポリス」、「太平洋ベルト」と呼ばれる都市圏が存在している。これは茨城県から福岡県までを結ぶ全長約一三〇〇キロメートルの地帯で、東京、名古屋、大阪、堺、神戸、京都、福岡などが含まれている。この地帯の面積は日本全体の六パーセントにしか満たないが、ここだけで日本の人口の八〇パーセントに当たる一億五〇〇〇万人もの人が住んでいる。[*21]

南アフリカ共和国では、ヨハネスブルグとプレトリアの二都市が超巨大都市として成長を続け、この国の発展の中心地となっている。インドでは、ムンバイが南北一〇〇〇キロメートル、東西六〇キロメートルの範囲に混沌とした形で広がり、二五〇〇万人もの住民を集めている。この他のメガロポリスとして、ロンドンとミラノを結ぶ地域も挙げることができる。この地帯は、地理学者ロジェ・ブリュネと故ジャック・シェレックによる「ブルーバナナ」、「ヨーロッパの背骨」という呼び名がある。[*22]

現代では大都市や超巨大都市、メガロポリスが強い影響力を周辺に及ぼしている。それはつまり、都市によって世界の政治体制が大きく変わったということを意味している。都市圏をどのように構築していくか、都市のアイデンティティや世界の統治体制はどのようになっていくのかなど、明らかにしなくてはならない問題は多い。ともかく、世界がさまざまな危機に直面している今、中期的・長期的視野に立った都市生活の見直しをはじめなくてはならないことは明らかだ。都市化という現象は、現代世界が発展する主要な原動力となっており、その力は絶大だ。ならばこれからは都市が主導となる行動が重要となってくるだろう。そして将来のためには個々の利益を超えた行動が求められる。その出発点となるのが都市なのである。ユビキタスが実現し、人々はいつでも、どこでも瞬時に世界とつながることができるようになった。また、全方向へと都市は広がっている。ユビキタスと都市の拡大の結果、都市に住む人々自身が文化の中心となったということだ。また、移動に関してもテクノロジーの進歩でより簡便となり、すべての人が手頃な値段で旅行することが可能となった。世界は姿を一変させた。しかしこの地球では、社会や地域の中で緊張をはらみ、都市の脆弱性が露わになっているのも事実である。新しい世界は大きな不安を抱えている。

この一〇年間で都市生活者が世界の人々の大多数となり、人口一〇〇万人以上の街に住む人々の割合は二二パーセント以上にもなった。[*23] また、人口一〇〇〇万人以上の街に住む人の割合は六・四パーセントである。そして、人口数上位一五の都市では人口が二〇〇〇万人を超えている（その中でも特に上位の街は、その二〇〇〇万人を大幅に超えているという現状がある）。また、以前までは北アメリカやヨーロッパの国々の街が人口の上位を独占していたが、その状況も変わっている。現在、人口の上位一五都市のうち、北アメリカやヨーロッパに位置する都市は人口二三〇〇万人で八位となっているニューヨークのみである。他の都市では、人口上位三〇都市、一二〇〇万人にまで範囲を広げて、やっとロサンゼルスとロンドンが入ってくるといった状況である。

これから一〇年後には、世界の六二パーセントの人が地表のたった二パーセントの場所に固まって住み、人口一〇〇〇万人以上の都市は全体の三〇パーセント弱に当たる見込みである。また、都市生活者の九パーセントが人口二〇〇〇万人以上のメガロポリスや、人口五〇〇〇万から七〇〇〇万人の超巨大都市圏（現在の上海や東京、ムンバイなどを中心とした都市圏と同様の都市圏）に住むこととなると見られている。

都市化の波はアフリカにも広がっており、都市を主な生活の場とする人の割合は今後、五〇パーセントを超えると予想される。また、人口一〇〇〇万人以上の都市もどんどんと増え、特に、ラゴスやカイロ、キンシャサ、ルワンダといったメガロポリスは爆発的な成長を続けている。アジアに目を向けると、バングラデシュのデッカのような成長著しい街がある。デッカの人口は今後、約二八〇〇万人にも達する見込みで、スペインの人口の約半分、フランスの人口の約三分の一に匹敵することとなると見られている。

世界人口の一三パーセントは三四の街に集中している。しかし、都市化が進んでいるからと言って、世界の人々すべてが大都市に住むことになるとは限らない。世界の人々の五〇パーセントは人口五〇万人未満の街に住むことを選んでいる。人口三〇万人から五〇〇万人という中規模の街の数も増え続けている。予測に従えば、二〇五〇年には四一の大都市に世界人口の一五パーセントの人々が集まる一方、四五パーセントの人々は、中規模の街に住み続けることになるだろうということだ。

つまり、ここで都市の発展は二つの方向に分かれることとなる。一方で、上海や広州といった五〇〇〇万人規模の大都市圏が増えていく。もう一方で、田舎に住む人々は人口五〇万人から一五〇万人程度の四〇〇〇個ほどの都市に大量に移住することになる。また、小規模の都市は強引な開発の犠牲となり、そこに住む人々に平等なサービスを提供する仕組みが確立されず、ときには基礎的なサービスさえも与えられない場合も増えることが予想される。こういった都市の予想を踏まえ、エクアドルのキトで第三回国連人間居住会議（ハビタット3）[*24]が開かれ、一九二の国を集めた話し合いが行われたわけであるが、残念なことに第2章で触れたパリでのCOP21のようにはいかず、強制力を持つ合意には至らなかった。この会議では今後の方針を確認するにとどまった。都市を発展させ、都市地域がより安全で包括的なものとなり、強靭で持続可能な街へと発展するための「ビジョンと価値観を共有する」といった方針である。しかし、都市の首長や地方自治体のリーダーたちが一堂に会したこの会議は、国連が都市の影響力を認めていることを示す格好の機会となった。また、この機会に国連は都市の行政への協力を表明し、都市に関わるすべての人々が都市の生産活動や行政に積極的に関与するよう呼びかけた。ともあれ、この国連人間居住会議は、今後、より有益な成果を出すために見直しが必要だろう。それ以外にも、重要な問題が未解決のまま残っている。何らかの合意に達したとして、その合意の実施を誰が主導していくのか。また、都市は誰のものなのか。それらの問いに答えねばならない。民主主義の実現には、人権の尊重が欠かせない。そのためにも、すべての人々へ基礎的なサービスを提供することからはじめなくてはならない。しかし、その実現への道は遠い。

ユビキタスの浸透と移動手段の大衆化という都市での出来事によって地球上での人々の距離は限りなく近づいた。その影響は地球全体に広がり、そのすべてを把握することはまだ誰にもできてはいない。一つ言えることは、距離の消滅により「都市文化」というものが誕生したということだ。どこにいても都市は人々とつながっており、都市はこれまで以上に人を集める力を持つこととなったのである。現代になり、多くの人が、都市へ移住していった。よい待遇を求めて、貧困を解消するため、もしくは「土地収奪[*25]」などの抑圧から逃れるために都会へと移り住んでいったのである。しかし、都会に住む人々が増えれば、画一化された都市文化に世界が飲み込まれてしまう危険もあるだろう。世界全体が都市化しているということは、人はどこにいても都市の文化から逃れることはできないということも意味する。今日では田舎に住もうと、あまり都市化が進んでいない街に住もうと、人々はどこでも同じく都市の文化にさらされている。これほどまでに都市の影響力が大きく広がっている状況は、これまでになかったことである。

人は「何者かになりたくて」、大きな世界を経験したくて、もしくは新しい潮流に乗りたくて都会に出て、都市文化に触れる。都会に出るということは、新しいアイデンティティを獲得することでもある。都市の文化は、古い階級的な社会関係に揺さぶりをかける。確かに、昔ながらの階級意識は完全に消えてしまったわけではない。単に目に見えづらくなったというにすぎない。しかしそれでも、都市文化は古い階級意識を和らげ、個人を一種の「都市での新しい生活」の中に溶け込ませる。だが先ほども指摘したように、都市文化の浸透は世界の画一化という危険と隣り合わせである。その一方、その都市の中で自分のルーツを守りながら個性的な生き方を求める人も多くなってきている。いかにして画一化を逃れながら都市文化を発展させていくかが、今後の課題だろう。

都市文化が世界中に広がった結果、人々の関係性はどのように変わったのか。都市文化の特徴として、「距離の消滅」を挙げることができる。今からわずか一世紀足らず前、ヨーロッパからアメリカへ行くためには一五日から二〇日くらい、南アフリカやオーストラリアへ行くには、二〇日から三〇日もかかっていた。それが今、たった数時間、長くても一日半あれば十分である。ここ数年の間に、人々は世界中を手軽に行き来できるようになった。ヨーロッパのほとんどすべての場所に電車、もしくは飛行機を使って数時間で行けるのだ。移動にかかる運賃は数十ユーロという安値で済み、宿泊施設も旅行サイトで最適なものを選ぶことができるようになった。このような状況はヨーロッパだけではなく、すべての大陸で実現している。

このように都市文化の浸透により、世界への物理的アクセスが簡単になったのだ。以前ならば、遠くに行くことで場所の違いや時差、文化の違いなどによる混乱、いわゆる「認識上の混乱」に悩まされていたが、今ではどんな離れた場所に行っても違和感を覚えることはない。世界中のブティックや小売店にグローバリゼーションの波が広がり、同一のレストランチェーン店が至る所に存在し、どこでも同じ形式のインターフェースやプラットフォームから、位置情報の取得や宿泊や移動のためのサービスを受けられる。さまざまな技術を駆使すれば言語の壁ですら取り払うことができる。いつでも他人の助けを借りずに目的地に向かったり、見物や散歩したりといったことが可能となっている。スマートフォンやネットワークに接続した機器、アプリケーションなどは、年齢や教育の有無に関わらず、誰でも利用できる。世界は、すべての人の手が届くものとなった。ひとたびクリックすれば、世界中のどこへだって行くことができるというわけだ。

このように距離の消滅による都市文化の誕生で、たやすく外部の人々との交流が可能になった。現在のフランスでは、自宅から離れた場所で四泊以上の滞在を経験したことがある一五歳以上の人は、三分の二近くの割合に達している。しかし、多様な人が交流できる都市文化は、「脆さ」も抱え込んでいる。都市文化が浸透した今でも、世界中には他者への恐怖、異質な存在の排除、自分と同質なものとしか関わらない態度などがいまだに根強くはびこっているのも事実である。人々を隔てる壁があり、今も新たな壁は作られている。ポピュリズムを標榜する政党は支持を集め、権力の座に近づきつつある。アメリカやブラジルの政治的状況、そしてイギリスのヨーロッパ連合離脱の経緯、そしてそれに呼応するかのようなフランスでのポピュリズムの台頭を見れば、人々を隔てる壁がいかに根強いかが分かるだろう。

あらゆる場所へ行くことができ、あらゆるものに接続する世界、グローバル化が進む世界においても、人々の対立は残っている。あらゆる種類の人々が交流し混ざり合うのが本来の都市の姿であるが、実際には都市の本質への無理解や無知が対立を生んでいる。人々の対立をあおる政党の指導者たちは、「愛国者」を称しながらも姑息な票集めのために奔走している。彼らが掲げるスローガンは「コスモポリタニズムへの戦い」というものだ。しかし、コスモポリタニズムという理想に反対するとは、奇妙な態度である。「コスモポリタニズム」とは「世界」を意味するギリシャ語「コスモス」と「市民」意味するギリシャ語「ポリテース」とからできた言葉で、出身地がどこであろうとそれぞれの個人を「市民」として認める、という民主主義的な姿勢から生まれた言葉なのである。つまり、「コスモポリタニズム」に反対するとは、民主主義に敵対するということを意味するのである。

経済がサービス業中心となり、コンピューターを利用したプラットフォームで移動や宿泊、食事といった分野において世界の国境が取り払われようとしている今、人々の対立が浮き彫りにされていることは不自然な現象であると言える。例えば、フランスは世界で最も多くの外国人旅行者が訪れている国だ。二〇一八年の海外からの旅行者数は八九三〇万人（七〇〇〇万人がヨーロッパから、一九三〇万人がヨーロッパ以外の国からの旅行者）であり、この数はフランスの人口の一・三倍である（海外旅行にともなう収入は一八五〇億ユーロである。これはフランスのGDPの七・二パーセントに当たる）[*26]。特に中国からの旅行者はこの一〇年間に大幅に増えている。海外からフランスへの観光を促進することを目的に設立されたフランス観光開発機構[*27]によると、中国からフランスへの旅行者数は、二〇〇九年に七一万五〇〇〇人であったのに対し、二〇一八年には約二二〇万人となっている。フランスでの旅行業界の代表組織であるアントルプリーズ・デュ・ヴォワイヤージュ[*28]の会長であるジャン・ピエール・マスによれば、中国人の旅行者は全体の二・五パーセントであるが、フランス旅行での消費額は四〇億ユーロであり、全体の七パーセントに相当する。

ただしこの数字は新型コロナウイルスが流行する前のもので、現在ではこの数字は大幅に落ちている。しかしいずれにしても、フランスでも他の国でも、旅行などを通じてさまざまな国の人が行きかうという状況が当たり前のものとなっていることは確かだ。それにも関わらず、自己と異なる存在を排除するメカニズムは根強く残っているのである。気候変動への危機感、失業への不安、ポピュリズムの高まり、デマ情報の拡散、他者への恐怖など、さまざまな事情が重なって対立のメカニズムが作られている。そんな状況の中、市民の信頼関係を築く役割を担っている都市のリーダーたちは、人間共通の価値や尊厳を守るべく変革に取り組んでいる。街がさまざまな人がともに生活する場であり、男性も女性も、どんな人でもそれぞれの違いを認めながら生きていく場所となるよう、人々の対立を解消するための努力を続けているのだ。

街はすべての人にとっての避難所とならねばならない。そのためにはもちろん、慈善施設などにより恵まれない人々に救いの手を差しのべることは大切だ。しかしそれだけでは十分ではない。街は文化的、社会的、経済的な面で、すべての人に開かれた場となるべきなのだ。すべての人を受け入れるということは、都市がその誕生以来、担っている重要な役割であるはずだ。また、多くの人を受け入れることは街にとってもよい効果をもたらすはずだ。例えば、移民の存在は都市の発展にとって必要不可欠だ。移民のおかげで、街に社会的、文化的な多様性が生まれるのである。国際移住機関（ＩＯＭ）の調べによれば[*29]、現在、世界の大都市の上位二〇の都市が全体の五分の一近くの移民を受け入れている。また、その中でも大部分の都市において、人口に占める移民の割合は三分の一もしくはそれ以上となっている。このような移民の存在は世界に新しい枠組みを与えている。世界中にさまざまな国籍を持つ人々が広がり、都市や国を超えたネットワークを作り上げているのだ。移民たちこそが、国の枠を超えた新しいニーズ、新しい政治形態、新しい領土の形を生み出しているのである。このように、都市の中でさまざまな国籍の人たちが混ざり合っているという現象は、二一世紀の特徴なのである。

移民は世界中に広がっている。二一世紀の移民の存在はこれまでよりもさらに明確な形で、街や都市生活に変化をもたらしている。例えばカタールの王族はロンドンでイギリスの王族よりも多くの不動産を所有している（これはサスキア・サッセンの示した例である）。三年前にフランスのドルドーニュに不法に移住したパキスタンの若い移民が国家最優秀見習い職人賞（フランスの優れた若い職人に贈られる賞）を受賞することもある。そして、ブエノスアイレスに住むボリビア人の数は世界で二番目に多い。また、カナダのケベック州に住むフランス人の数は、フランス本国のブレストのフランス人と同じくらいである。

都市の首長たちは多様な人々が行きかう都市生活の現実に、それぞれの方法で向き合っている。例えば、移民を寛容に受け入れる「聖域都市」として街を生まれ変わらせ、新しい現実に人道的に応えようとする街もある。移民の存在は私たちの生活様式、生産や消費の流れ、科学や文化や学問へのアクセスの方法、社会的なネットワークへの参加のありかたなど、さまざまな領域での変化を促すものだ。移民を通じて、多様性を受け入れる都市文化が発展していくのである。産業革命から一二〇年、ボリシェヴィキによるロシア十月革命から一〇〇年、ファシズムの台頭と冷戦のはじまりから七五年、ベルリンの壁崩壊から三〇年経過した。そして二五年前頃から、新しい変化が進行している。都市の急激な発展、そして多様な人々が行きかう現実が到来したことだ。この革命的な出来事の意味を把握して初めて、大きく変わり続ける世界を理解することができる。

自分の生まれた場所や生活の場所としての街に愛着を感じるだけでは、本当の意味で都市の住人になったことにはならない。都市に生きるということは新しい文化を創造し、これまで存在していた壁を揺さぶり、打ち砕くことなのだ。ユビキタスのおかげで街が数年のうちに都市化、大都市化、超巨大都市化していく世界において、これから必要となるのは生産手段の改善ではない。働くこと自体の意味を変えること、労働によって生まれる人間同士の関係を変えること、労働の持つ社会的意義を変えることこそ必要だ。

また、自然環境に対する意識も変えていかなくてはならない。エコロジー革命とは、人間の理想に自然を当てはめることではない。人間と自然の四大要素、水、火、土、空気との関係を変えること、都市空間の拡大、発展のありかたそのものを変えることなのである。

必要となる変革はそれだけではない。人々の社会的な関係、特に女性の権利についても変えていかなくてはならない。都市は女性を解放するエネルギーを生み出す場として機能する。この数十年間で、都市は多くの人々へ開かれた場所となり、女性たちは自らを表現する手段を手に入れ、社会進出や地位向上を求める運動も増えてきた。妊娠中絶を選択する自由や、男性優位の社会の見直し、仕事や給料に関する改善などを求める女性たちの運動が盛り上がりを見せている。都市に住む女性たちはこれまでの数百年の抑圧を排して、さまざまな面においての進出を求める声を上げることができるようになったのだ。例えば「ウイメンズ・マーチ」という抗議活動がトランプ大統領の就任翌日に開かれた。[*30] これは、ピンク色の帽子をかぶり、女性の権利を訴える「プッシーハット・プロジェクト[*31]」に賛同した人々の抗議デモである。「ウイメンズ・マーチ」は都市の女性たちの積極的な行動の一例である。女性たちに限らず、多様な価値観を持つ人々が自分の望んだ生き方を選択する権利が認められる時代が到来しつつある。男性、女性どちらでも自由に選んだ相手を愛し、自分の望んだ家族の形を作り上げ、出産をするかしないか、養子縁組を選択するかなど、それぞれが望む選択ができなくてはならない。これまでの旧態依然とした家族像や、過去の社会的階層といったものは都市文化の力で解体、もしくは刷新してく。そうした中から新しい形の自己表現や、社会的な関係性が築かれるのである。

それでは、都市文化の発展によって、人々の意識は本当に変わったのだろうか。インターネットが生まれて約二〇年、スマートフォンが登場して約一〇年、モノのインターネット（Io

T）が実現して数年経過した。私たちの社会は一見、すべての人や物がつながるハイパー・コネクティビティが実現したように見える。しかし実際には、人々が反発し合い孤立する状況が発生している。デジタル革命によりさまざまな領域が近づいたことは確かだが、都市に生きる人々が解放されたわけではない。デジタル技術により場所や空間、社会といったものは新しい形で都市の人々の意識を支配することとなった。四五億人のインターネット利用者のうち[*32]、ソーシャルネットワークを活用している人は三八億人いると言われている。つまり、ソーシャルネットワークの利用者はインターネット利用者の八四パーセントであり、世界人口の約半数に上っているのだ。フェイスブックの利用者だけでも月間二七億人で、その中でフランス人は三七〇〇万人となっている[*33]。しかし、人々はかつてないほど強大なコミュニケーションツールを手に入れた一方、かつてないほどの孤立をも味わっている。本来ならば、哲学者エマニュエル・レヴィナスが言う「未知なるものへの接近[*34]」つまり未知なる他者を認め、異質な存在を受け入れる態度から、既存の枠を超えるインスピレーションが生み出されるはずだ。しかし、現代にそのような態度が浸透しているとは言い難い。それどころか人々は周りとの交流を断ち切り、自身の中だけで感情を爆発させている。自分の殻に閉じこもり、自分だけの真実を作り上げている。そして、自分の価値観しか認めない人々は、あふれる情報に容易に操られている。「ポスト真実（脱真実）」の時代が到来し、客観的な思考や真実の理論的分析よりも、個人的信条に訴えかける巧みなシステムが構築されている。

世界の大部分が都市文化へと移行し、科学技術の発展が人間の生活を決定的に変えてしまう「シンギュラリティ」の到来が話題となっている。しかし、このままでは、発展が正しい方法へと進む「ポジティブなシンギュラリティ」の実現は困難だ。どこでもない場所へ閉じこもる匿名の生活、自分や他人に対してネガティブな感情を抱き続ける生活を変え、周りの環境と調和した生活、発想力や創造力に満ちた生活へと切り替えていくことが今後の課題だろう。現代の人々は、「自己」の中にも「他者」の中にも、真に大切なものを見出すことができず、「他者」を脅威としてしか見ることができないでいる。この現状を変えるには、都市が人々の社会的な関係性を育む場となり、近隣の範囲が深い交流の場となることが必要だ。自分の世界を打ち破り他の人々と交わることのできる都市、人々が積極的に社会参加することのできる都市の到来が求められている。

二一世紀になって以降の約二〇年間で、世界に大量のデータがあふれる一方、データが人を操り、「フェイクニュース」が横行し、ＳＮＳの「トレンドトピック」や多数派の意見が世論を支配している。本来、情報というものは、情報源を確かめて分析した上で、真実かどうか判断しなくてはならないはずだ。しかし、それらの情報を受け取る人はそんな検証をすべて省略してしまっている。だから、検証不可能な情報が信じられ、拡散される。こうして情報は、自分と考え方が違う人、文化を異にする人々を容赦なく攻撃するための恐ろしい武器となる。人間同士の信頼は失われ、人々は感情をぶつけ合う。真偽も確かではない情報をその背景も知らないままに受け取り、多くの人々が徒党を組む。このような状況がどんな結果をもたらすか予想もつかない。人々は大量のデジタル情報に惑わされ自分の殻に閉じこもり、偽の情報に操られ、不満を爆発させて過激な行動に出る。「黄色いベスト運動」と呼ばれるものもその一例だ。この運動は炭素税の導入への抗議を発端として、ソーシャルネットワークを介してその規模を広げていった。この運動は、明確に組織化されたわけではなく、瞬時に、爆発的に拡散していったのだ。二〇一八年一〇月に、それぞれ数十万人ほどのメンバーを有するフェイスブックのいくつかのグループからの投稿により参加が呼びかけられたのである。運動の発生以前の二〇一八年五月に中心人物のプリシア・リュドスキー氏によって書かれていた宣言書は一〇〇万人以上の署名を集め、二〇一八年一〇月にジャクリーヌ・ムーラン氏がエマニュエル・マクロン大統領へ宛てたビデオは瞬く間に拡散され、わずかの間に六〇〇万回もの再生数を記録した。このように、黄色いベスト運動は劇的な展開を見せ、フランスを揺るがす大きな事件となったのである。

「黄色いベスト運動」は、社会の中の異なる立場同士の対立だけによって引き起こされたわけではない。巷にあふれるさまざまな情報に惑わされないで、この運動の本質を見なければ、いたずらに人々の対立が深まるだけだ。「黄色いベスト運動」の真の原因は世界の仕組み、パラダイムの変化である。「ポスト産業革命」の時代（製造業が大きく成長した時代）から、消費者を優先したサービス業が中心の時代に切り替わったのが現代だ。その一方、多くの人は職場から離れた場所に自宅があり、長い距離を移動して通勤している。多くの人が人口密度のあまり高くない郊外に住み、都市部の職場に向かう。そのため通勤にはしばしば、個人所有の自動車が使われるのである。これまでの伝統的な経済は崩壊したのにも関わらず、移動の方法や仕事のやり方は変わっていない。このことで人々が不満を募らせ、その不満が激しく爆発したのである。しかし、政府や古い体制の代表者たちにはその原因が理解できてはいない。国家の政治は、街や地域とのつながりを失い、そこに住む人々の声を聴くことができなくなっている。街に住む人々は、国家というものに対して、疑いの目を向けているのだ。

　ならばこれからは、都市発信の行動が主体となるべきだろう。それでは、都市に生きる人々はどのような行動をとるのであろうか。数十年前ならば、社会学者アンリ・ルフェーヴルが提唱したような「都市への権利[*35]」、つまり都市できちんとした住居を手に入れるための闘争が市民運動の中心であった。しかし今は、都市での生きづらさを解消するための、「都市の中で生きる権利」の獲得こそが市民運動の目的となっている。これからは住居だけではなく、働くこと、必要なものを入手すること、医療を受けること、教育を受けること、自らの可能性を広げることなど、あらゆる面において価値ある生活を送ることができる権利が求められているのだ。三〇年前にはわずかな予兆であったものが、危機となって私たちの前に襲いかかっている。そしてさまざまな事態の渦の中心にあるのは都市である。都市の人々の総意なしではどんな改善策も役には立たない。「新たな生き方を選択する」、「よりよく生きる」、「ともに生きる」という目的は、街を基準とした改革によって実現されていくからだ。都市は教育・文化・経済面での改善、すべての人を受け入れる社会の実現、住民参加型の民主主義の確立、災害に対する強靭性のある街づくり、エネルギー政策の改革、デジタル技術の有効活用など、さまざまな課題を抱えている。世界都市、中規模都市、小都市、規模はさまざまだが、都市は世界中に広がっている。そんな中、今後は大都市以外にも目を注ぐべきだろう。大都市での混雑や人口過密などの問題を解決するためにも、[*36] 中規模の街での生活の価値を見直すことも必要だ。[*37] いずれにせよ都市を重点に置いた改革を行わなければ、どんな地域も平和な発展は望めない。

世界の変革は簡単に成し遂げられない。さまざまなイデオロギーによって支配された一九世紀からの国家中心の文化は終わりを告げた。サービス業が主役となり、デジタル技術の発展やユビキタスが実現した二一世紀の都市中心の文化へ時代は移り変わっている。ならば、新しいものの見方も生まれてこなくてはならないはずだ。都市や地域を活性化することなしには国の活性化はできない。私たちにとって必要なのは、イマジネーションを持った権力者ではない。

理想の生活の場を描き出すことのできる私たち自身のイマジネーションなのである。

第5章
持続可能な大都市
街は何よりも長く続いていく

以前、私はモンゴルに滞在していたことがある。モンゴルは世界でも最も人口密度が低く、その割合は一平方キロメートル当たり二人である。そのときの私はゴビ砂漠から北上し、首都のウランバートルへと入っていった。目を見張るような景色の中、自然と共存するように生活する人々の姿に驚かされたのを覚えている。この滞在は、人々の生き方や自然との関係について、そして街での住まいなどについての大きな示唆を与えてくれた。今日では中国とロシアの間に挟まれた国であるが、一三世紀のモンゴル帝国はこれまで存在した中で最も巨大な帝国であった。チンギス・ハーンの時代、モンゴル帝国は地中海から太平洋までの三三〇〇万平方キロメートルという範囲を支配していた。それは現在のポーランド、ハンガリー、ブルガリア、アルメニア、ジョージア、西イラン、中国、朝鮮、小アジアの一部にも広がっていたのである。一時期、世界はモンゴル帝国の支配の下、「パクス・モンゴリカ」という繁栄の時代を経験したのだ。マルコ・ポーロをはじめとするヨーロッパの商人たちは、「シルクロード」を通ってこの多様な人々が行きかう広大な領地を旅することができた。先に紹介したイタロ・カルヴィーノの『見えない都市』は、このモンゴル帝国の歴史を下敷きとしながら、マルコ・ポーロとチンギス・ハーンの孫であるフビライ・カーンとの架空の対話という形式で書かれた小説である。このフビライ・カーンが皇帝であった一二六〇年代、モンゴルはその絶頂期を迎えた。「パクス・モンゴリカ」の時代のモンゴルは人々の宗教に寛容な政策をとっていたため、アラブ人や中国人、インド人、ペルシャ人といった多様な人々が集まり、彼らの持っていた科学的知識が合わさって高度な技術が発達したのである。こうしてモンゴル帝国は一三世紀から一四世紀にかけてユーラシア大陸の進歩に大きく貢献した。それだけではない。モンゴル帝国は交易を促すためのさまざまな仕組みを作り上げている。例えば商取引を簡便化するための税や、紙幣、一定の距離に宿駅を置く駅伝制などを導入したのである。他にも羅針盤、大砲用の火薬、紙、水車、製鉄炉、そして芸術の分野では透視図法も取り入れた。こうした高度な技術を背景に、モンゴル帝国は世界を席巻し、最終的にその領土はヨーロッパにまで及んでいる。[*1]

しかし、一三三〇年代には黒死病と呼ばれたペストが中国の西部で流行する。ユーラシア大陸に大きく広がったモンゴル帝国は幅広い交易を行っていたことがあだとなり、アジアやヨーロッパでペストを拡大させる要因となってしまう。ペストでの死者はアジアで人口の二五パーセントに上った。そして、ヨーロッパでは一三四六年に人口の六〇パーセントの人が命を落としている。このペストの蔓延が原因の一つとなりモンゴル帝国は衰退していき、一三六〇年にはその支配に幕を閉じることとなる。

モンゴルの人たちは国の誕生以来、自然の中で暮らすという伝統を守ってきた。自然との調和を大切にする考え方は、モンゴル帝国時代から続く霊的存在への信仰であるシャーマニズムから発している。また、モンゴルの人たちは自然のリズムに合わせた生活様式である遊牧生活を続けてきた。季節に合わせて、家族や部族単位で放牧に適した場所を求めて移動していくのだ。男性は「高い足」の動物（馬とラクダ）の面倒を見、女性は「低い足」の動物（ヤギ、犬）の面倒を見る。住居となる「パオ」（獣皮で作られたテント）は皆、同じ形、同じ直径、同じ色であり、内装もいつも変わらない。社会的身分の違いや経済力によって違いがあるわけではない。

私は、モンゴルの人々の「公共」を大切にする習慣に心を打たれた。彼らが移動中、住居を設営中の別の集団に出会うと、移動を中断して設営を手伝うのだ。出会った集団同士は当然のことのように何日間もともに生活し、協力して作業する。そして首尾よく設営が終わると、祝祭の時間が訪れる。祝祭において、労働とは違った形で交流が生まれる。こうやって助け合いの習慣が続いていくのだ。実際、私もある集団に同行しての移動中、別の集団とばったり遭遇し、一週間ほどともに過ごした。他者を大切にする、もてなしの習慣に接することのできた貴重な体験である。

これまで遊牧民たちは昔からの伝統や文化を数世紀にわたって守り、大地のリズムに寄り添って生きてきた。しかし近年、この伝統は薄れていき、人々が定住生活を選ぶことで都市化が大きく進んでいった。ウランバートルもそんな生活習慣の変化が起こった街である。この街はこの二〇年間で田舎からの集団移住者が大挙して押し寄せたことで人口が爆発的に膨らんだ。その結果、人口は約一五〇万人に達し、モンゴル全体の四五パーセントを占めるまでとなった。[*2] 一九九八年には六六万人であったウランバートルの人口は二〇〇二年には八五万人に増え、その後、現在の人口に膨れ上がったのである。この数字を見ると、都市の世紀を象徴するかのような急激な変化が実感できるだろう。

今やウランバートルには集合住宅が林立し、伝統的なパオは子どものための遊び場と化してしまった。多くの人々はアパートで暮らし、相互の交流はなくなった。ここでの生活には、かつてのパオでの伝統的な生活で守られてきた世代間の精神的つながりや、宇宙との一体感はない。都市化にともないスラム街も至る所に生まれ、街の周辺は貧しい人々の暮らす場所となっている。また、いまだにパオに住み続ける人々には、最も基礎的なサービスすらも提供されていない。こうして定住化が進み、都市の規模が拡大するにつれて伝統的な生活様式は徐々に失われていった。街の真ん中に火力発電所がそびえている光景を私は忘れることができない。本来は健康的な生活に適した場所であったはずのこの街の中で、発電所は重大な環境汚染を引き起こしているのだ。現在、ウランバートルは世界でも最も汚染が進行している街に分類されている。世界保健機関（WHO）の「都市と健康」を扱う部門では、ウランバートルを救済する特別プログラムを進めている状況なのである。[*3]

それぞれ風習や習慣は異なるが、モンゴル以外の国や大陸でも同じような現象が見られる。都市生活の発展よる弊害は二一世紀に特有の問題だ。社会のネットワークが至る所に張り巡らされ、都市の強力な支配力が隅々まで浸透した結果、混乱が生じているのである。あらゆる場所がつながっているという現代の状況を上手く利用すれば、それぞれの街が自分の生活様式を手放さずに自然の流れに沿った生活を送ることができるはずだが、皮肉なことに、どこの国の街でも、同じような個性のない生活様式が支配することとなってしまった。都市に機能が集中するため都市での物やエネルギーの需要が肥大化し、大都市は外から資源を集めてきて大量に消費するようになっている。都市での生活は、資源が一方的に消費され続ける直線型社会となり、昔から守られてきた自然の循環サイクルとの調和が失われているのだ。

人類は今、地球が一年間に生み出すことのできる資源をわずかな期間で使い切ってしまっている。一年の半分しかたっていない時点で、すでに資源の消費量が、地球が一年で生み出す資源の量を上回っている。つまり、残りの半年は自然から借りを作りながら生活しているということになる。[*4] 一九七〇年には、人間による資源の消費が地球の一年分の生産量に達するのは一二月であった。つまり、この頃はまだ、「地球一つ分」で人類全体の需要を何とか賄っていたわけだ。しかし、その三〇年後の二〇〇〇年には九月の終わり、二〇一九年には七月の終わりに資源を使い切ってしまっている。二〇二〇年にはその消費の速度は緩み、一か月遅れの八月二二日となった。しかしそれでも、人類が生きていくためには一・六個の地球が必要なのである。二〇二〇年にわずかに状況が改善されたという事実を見ると、いかに都市が世界にとって重要な役割を担っているかが分かる。というのも、この年、新型コロナウイルスの流行のために、世界中でその対策が進められたのである。人々は生活の中で過度な消費を改め、地球の資源の保持に努めたのであった。そしてその生活の見直しは、都市を中心に行われたのである。都市の影響力がこれほどまでに明らかになったことはない。しかし、この事実の裏を返せば、地球の資源の枯渇の原因は都市での生活であるということも意味する。

先行きが不安な状況の中、都市生活者や人類全体が節度ある生活態度に切り替えることができるのだろうか。その問いに答えるためにも、まずは数字で客観的な現実を見てみよう。数字を見ると、地球にとって人類は特別な存在ではないことが分かる。かつて地球に存在していた生物種の九九パーセントは絶滅している。つまり現在の地球に生息している生物種は、その存在が明らかとなっている種のわずか約一パーセントすぎないのである。人類が残りの九九パーセントの一つにならない理由などない。四五億年という歴史の中で、地球が存在するために人類の存在など必要としなかったのだ。これまで地球上の生命は五回の大きな絶滅を経験している。そしてこのままだと、人類の無際限な活動が六度目の破局を引き起こすことになるだろう。[*5]

危機を回避する道はある。その道は私たちが「持続可能な世界」のための挑戦を続けることで開けるだろう。「持続可能な世界」という言葉はその深い意味をしっかり理解した上で使うべきだろう。「持続可能な世界」の実現には、生存可能な世界、永続する世界、公平な世界という三つの目的を達成する必要がある。二〇〇六年にノーベル平和賞を受賞した経済学者のムハマド・ユヌスは二〇一七年に『三つのゼロの世界』という本を出している。[*6] この「三つのゼロ」とは、「二酸化炭素ゼロ」、「貧困ゼロ」、「排除ゼロ」のことだ。この三つのゼロ実現のためには三つの側面で生活を変える必要がある。環境的側面、社会的側面、経済的側面の三つである。本当の意味での持続可能な世界を目指すのならば、この三つの要素のうち、どれも欠かすことはできない。エドガール・モランの指摘した世界の複雑性、つまり、さまざまなものが影響を与え合って一つの世界となっているという性質を考えれば、この三つの要素も互いに深く結びついていることが理解できるだろう。環境と社会への取り組みが生存可能な生活を可能にし、環境と経済への取り組みが永続する世界を可能にし、社会と経済への取り組みが公平な世界を作り出す。持続可能な世界は生存可能な世界、永続する世界、公平な世界の結合によって実現するのである。

持続可能な世界を目指す場合、環境のみに目を向けていたのではその試みは失敗に終わることになるだろう。気候に対する正しい配慮だけではなく、社会的正義や経済的正義の確立が必要となる。都市での生活が一般的となった現代社会において、それぞれの街、大都市、地域は具体的な行動を通して正義を貫いていかねばならない。持続可能な世界の実現のため、それぞれの都市は確固たる決意を持ちながら、知恵を絞って具体的な解決策を実行に移していく必要がある。

環境保護に関しても、ただエコロジー的観点から行動すればすべてが解決するわけではない。エコロジー以外にも、二つのアプローチが必要となる。二つのアプローチとは、風土学と行動学である。この二つの観点を加えることで、エコロジーというものの本来の目的を取り戻し、将来に向けて活動を進めていけるのである。それではエコロジー本来の目的とは何だろうか。それはヒューマニズムの追求である。

それではまず、風土学から見ていこう。風土学とは人間、特に人間の行動と環境との関わりについての学問である。風土学は、フランス人の偉大な地理学者であるオギュスタン・ベルクによって提唱された。[*7] 風土学では人間が暮らす場所の地理的要素に注目する。その場所の地理が人間と自然とを一つに結びつけているということだ。風土学で扱われるのは、環境だけではない。風土学が対象とするのは、私たちの生き方であり、私たちとすべての生物種や無生物との関係である。風土学によれば、人間と他の生物や無生物すべてが集まって自然を形成している。私たち人間は、自然の一部にすぎないのである。自然との一体感を取り戻すことで、環境への意識は高まっていくはずだ。

しかし、エコロジーと風土学だけは、現代の問題を解決するのに十分ではない。ここで少し寄り道して、私たちの世界認識から環境問題を考えてみよう。哲学者のブルーノ・ラトゥールは「新たな気候レジーム」[*8]、つまり気候の状態変化について、私たちの街が抱える矛盾を明らかにした。その矛盾は二つの価値観の対立にあらわれる。それは、この世界を、「私たちが生きる世界」と見る立場と、「私たちを生かす世界」と見る立場の対立である。本来、世界は私たちが生きる場でありながら、私たちを生かしてくれるものでもあるはずなのである。この二つの立場が対立している限りは本当の意味での環境保護は不可能である。

そして、私はこの対立に、もう一つの立場を加えることを提案したい。あらゆるものが接続しながら、人々が自分の価値観に閉じこもっている時代が現代である。このような現代に特徴的なもう一つの世界の見方は、「私たちが生きていると思っている世界」だ。つまり、現代の私たちは歪んだ形でしか世界を見ていないのだ。大量消費を良しとする「都市の歪んだ欲望」と、環境を顧みない時代遅れの生活様式が世界の真の姿を歪めてしまっているというわけだ。

地球の資源が枯渇しているのにも関わらず、私たちは今の生活様式や環境に悪影響を及ぼす行動をなかなか改めることができない。この矛盾した状況の大きな原因は、歪んだ世界認識にあるのだ。

歪んだものの見方が環境保護を遅らせている例を示そう。環境汚染を食い止めなくてはならないことが明らかであるにも関わらず、相変わらず環境に悪影響を与える車の代表とも言えるSUV（スポーツ用途多目的車）が売れ続けている。都市の中では、SUVは不便で場所をとるのにも関わらず人気がある。国際エネルギー機関の報告によると、SUVが排出する二酸化炭素の割合は増え続け、今では二酸化炭素の主要な発生原因となっている。[*9] これまでに販売された自動車におけるSUVの割合は、二〇一〇年には一八パーセント（三五〇〇万台）であり、二〇一八年には四〇パーセントを超えて二億台となった。国際エネルギー機関によれば、このままのペースでSUVの割合が上がっていけば、二〇年後には石油の需要が一日当たり二〇〇万バレルも増加するということだ。そうなれば、約一億五〇〇〇万台分の電気自動車による二酸化炭素削減量が無効となってしまうのだ。

本題に戻ろう。エコロジー、風土学に続く三番目のアプローチは行動学である。[*10] 行動学とは人々の行動に関する科学だ。危機を回避するためは、私たちのこれまでの生活を変える必要がある。そのために必要になるのが行動学のアプローチである。人々に環境への正しい意識を持ってもらい、行動を変えてもらうにはどのようにしたらよいか。正しい意識の欠落によってどの程度の行動の遅れや不都合が生じ、変化に支障をきたすのであろうか。人はときに、都市生活を破壊するようなルール違反やマナー違反を犯す。そのような行動をとってしまう原因を考えるのが行動学である。例えば、ゴミの廃棄に関する問題は、行動学の考え方を知るのにちょうどよい。街を清潔に保つにはどうすればよいか、という問題は常に話し合われてきた。清潔な街の維持とゴミの管理について、住民の意識はどの程度の影響があるのだろうか。フランスでは、各家庭の前にゴミ箱を置いておけば、ゴミは回収業者によって回収されている。その仕組みがあるために、自分の出すゴミについて責任感を失いがちになってしまう。もし家庭へのゴミの回収を取りやめたらどのようなことが起こるだろうか。どのくらいの人が決められた収集場所まで責任を持ってゴミを運んでいくことを受け入れるのだろうか。このようなことを考えてみると、見えてくることがあるはずだ。それは、ゴミ問題とは街の人々全体に関わる「公共」の問題であるという事実だ。ゴミの扱いが他の人々全体に影響を与えているということを、改めて考える必要があるだろう。ゴミが公共の問題であると意識すれば、人々の環境に対する行動も変わっていくに違いない。このように人間の行動や意識の関係を明らかにする行動学の観点から、環境問題に対する解決策を模索していくことも大切なのである。

先に見たように、私たちの世界は、「私たちが生きる世界」と「私たちを生かす世界」、「私たちが生きていると思っている世界」の絡み合いからできている。エコロジー、風土学、行動学という三つの学問を組み合わせることで、この三つが絡み合った世界を正しく見つめることができるようになる。これらの学問を用いれば、現在の気候に関する危機や生物多様性の消滅といった問題に、街や大都市での生活がどのように関わっているかということを理解し、体系的な対策を打ち立てることができるだろう。

これら三つの学問を用いれば、自然と社会、生活様式との関係性も見えてくる。そうすれば経済、社会、環境といったさまざまな要素が関わっている現代の問題を正しく捉えることができるようになる。地球に対して人間が強い影響を持つ「人新世」の今、人間が起こしてしまった気候の変動を自覚することがまず必要だ。そうすれば「共有」の財産を守るための地球規模での取り組みがいかに重要かが理解できるだろう。本当に考え直すことが必要なのは、人間と自然との関係や人間と社会との関係よりも、人間同士の関係なのである。地球を「共有の財産」として改めて理解し、自分とは異なる他者を認め、違いを尊重しつつ、自然と調和を保っていくべきなのである。

ビンガムトン大学（ニューヨーク州）のジェイソン・W・ムーアは二〇一五年の著書、『生命の網のなかの資本主義』[*11]の中で気候や食物、労働や金融といったそれぞれのシステム同士の結びつきを扱う研究の必要性を論じた。彼はギリシャ語で「住居」を意味する「オイコス」[*12]という概念を用い、「人間と環境を一体のものとして扱い、人間が環境を作り、同時に環境が人間を作っているといった複雑な関係を持つものとして理解する必要がある」と主張した。人新世についての議論が広まっていく中で、ムーアは生物の作り出す「生命の作る網目」を言い表す新しい概念としてこの「オイコス」を提案しているのである。そして、世界に影響を与えているのは資本の力であるとして、現代を「資本新世（キャピタロセン）」つまり「資本の時代」と名付けた。ムーアよりももっと過激な主張をする人々は、起業家や圧力団体の顔色をうかがう政治（例えばアメリカのドナルド・トランプなどのような政治家たち）により気候にとって有害な政策が進められているとして、さらに強い論調で議論を展開している。彼らは現代を表す新しい社会学的な用語として「巨大新世（メガロセン：人間が巨大な力を手にし、地球に害を与えている時代）や「反社会性の時代」[*13]などといった言葉を生み出している。これらの用語は、欲望追求や自己の利益を優先させる考え方、個人主義や他者への憎悪、異質なもの排除といった人間の自己中心的な意識が地球破壊の主要な原因となっている現状を言い表しているのである。

ともかく、人間の生存が脅かされている原因や解決策を見つけたいと思うならば、現代が人新世の時代であり、人間が環境に与える影響が大きくなっているという事実を自覚することからはじめなくてはならない。所有欲を満たすことや利益追求を優先する自己中心的な態度が現代の危機を引き起こしているのである。そして、問題解決のためには、国と都市との対話の必要性を理解することも大切だ。国家は世界の複雑性を理解し、街や大都市、地域の中で意識変革に取り組む人々の声に耳を傾けるべきだろう。

二〇〇九年、世界銀行は「経済地理学の再考」と題した研究を発表している。[*14]これは都市化についての研究で、街を人々の「発展や進歩の触媒となるもの」と位置付け、人口密度の増加や住民の不平等といった現代都市の抱える問題点に目を向けている。この研究は、大都市や力を持った地方、裕福な国など、一部に生産力が集中してしまっている現状を明らかにしている。

具体的な数字を見てみよう。

- 世界の生産力の六〇パーセントが六〇〇の街に集中しているが、これらの街は地表の一・五パーセントしか占めていない。[*15]
- カイロではエジプトの国内総生産の半分以上を生産しているが、その面積は国全体のわずか〇・五パーセントしか占めていない。
- ブラジルでは、南部と中央にある三つの州の面積は国全体の一五パーセントにすぎないが、国内総生産の半分以上の割合を占めている。
- 北アメリカ、ヨーロッパ連合、日本の主要な大都市圏（合わせて人口は一〇億に満たない）が世界の富の四分の三を独占している。

このように一部に経済が集中している状況は明らかだ。また、世界銀行の研究から約一〇年がたった二〇二〇年には、経済の集中という現象が新しい問題を引き起こしていることが明らかにされている。それは一部の人々の排除だ。一部の排除という問題は、人々の進歩の「触媒」となる場所としての街の抱える矛盾である。街が社会的・経済的に新しくなればなるほど、人々を引き寄せる魅力的な場所になればなるほど、貧困が発生し、社会から排除されてしまう人が出てきてしまうのである。

貧困や排除という都市が抱える問題を解決するには、一つの中心を持つ都市という形態を脱する必要がある。脱中心化について中国の状況を見てみよう。中国が世界第2位の経済大国であり、現在も急速に発展し続けているという事実は、三つの巨大地域の存在なしには考えられない。[*16] 一つ目は北京とハルビンを結んだ北部の地域、二つ目が上海と寧波舟山港（世界で最も大きい港である）と広州、および約一五〇の街を含む揚子江デルタ地域、そして三つ目がマカオと香港を中心とした珠江デルタ地域である。ここでは特に珠江デルタ地域に注目しよう。この地域には六六〇〇万人が住む世界でも最も大きな都市圏である。この大都市圏は数年の間に都市化が進み、人類史上、最も急速に発展した地帯となった。他の二つの地域とともに、街と港、経済特区が結びついている地域である。[*17] この地域には、他の地域から数百万人という大量の移住者が押し寄せ、急成長を生み出すきっかけとなった。注目すべきは、この地域では行政による脱中心化が進められていることだ。かつての人民公社が各地に残した産業遺産の改修などを通じ、行政は大都市以外の小さな町や村の発展を後押ししている。その結果、この地域は世界でも最も強大で広範囲にわたる多核的な都市地域に成長し、国内市場や海外市場の需要に答えている。都市化を進めながら脱中心化も果たすという仕組みを作り上げたことで、大きな経済力を手にすることができたのだ。珠江デルタ地帯の総生産は韓国に匹敵し、世界でも最も裕福な地域の一つとなっている。[*18]

他の国での脱中心化の動きも見てみよう。オランダ西部に「ランドスタッド」(オランダ語で「環状連合都市」を意味する)と呼ばれる地域がある。この地域はアムステルダム、ロッテルダム、ハーグ、ユトレヒトといった大都市を含む地域だ。オランダ全体の五分の二に当たる八〇〇万人もの人々が住む巨大地域であり、[*19]ヨーロッパ連合ではパリ、ロンドン、ミラノに次ぐ四番目の経済規模を誇る都市圏である。また、ヨーロッパ最大の海港であるロッテルダム港、ヨーロッパ第三の空港であるアムステルダム・スキポール空港といった主要な機能が相互に接続している。注目すべきは、これほど大規模な地域にも関わらず、どこかに産業の中心地があるわけではなく、中心化の弊害を免れている点である。また、ランスタットには人口が少ない「グルーネ・ハルト」(緑の中心地)と呼ばれる場所が守られているという点も興味深い。この地域は、都市がそのまま環境保護を行うための実験場ともなっているのである。オランダにとって貴重な景勝地であり、「巨大都市公園」とも呼べるこの地域は、湿原の保護などを通じて環境遺産を守っている。また、緑や水を守り生態系を維持するための地帯（生態系ネットワーク）の整備も行っている。ランドスッタッドは、効率的な農業や人を集めるレクレーションを推進しつつ、環境保護へも目を向けている都市圏の好例である。

イタリア北部の主要都市であるミラノの挑戦も紹介しよう。イタリアは複雑な政治事情を抱える国だが、そんな中でも、ミラノは新たな挑戦をしている興味深い都市である。近年、さまざまな試みを実行し、都市の姿や都市生活が社会的・地域的に大きな新陳代謝を遂げているのである。二〇一五年の国際博覧会は、ミラノが一〇年間続けて来た挑戦を象徴する出来事となった。その後、有名な大聖堂であるドゥオーモの前の広場に四二本のヤシの木、そして次にはバナナの木が植えられた。これはイタリア人の嘲笑の的になった出来事であるが、ミラノ市長は、「挑戦を続けるミラノ」というスローガンの下、これらの新しい試みを続けていった。ミラノの改革は、都市の遺伝子とも言うべきものを守りながら進められている。その結果、さまざまな顔を持つ魅力的な街としての進化を遂げている。文化、学問、工業といったさまざまな分野で活躍し、独創的で変化にも柔軟に対応できる都市としての個性を守りながらの改革に成功しているのである。ミラノという街は、モードやデザイン、出版などの重要企業の本社が多く建ち、名門ボッコーニ大学や、スカラ座のような重要な芸術施設を備えているヨーロッパの主要都市の一つである。しかしだからこそ、イタリアの混迷する政治の影響を大きく受けている都市でもある。だがそんな状況でもこの街は、生まれ変わるための挑戦を続けているのである。その中の一つは、二〇一四年に建てられた建築家ステファノ・ボエリ設計のツインタワー型高層マンション、「ボスコ・ヴェルティカーレ（垂直の森）」だ。[*20] これは植物に覆われた非常に個性的なマンションである。このマンションの建設は建物と森を融合させるというコンセプトを持っている。これは都市内部で環境保護に取り組む挑戦の一つなのである。イタリアという国は、過去に何度もアイデンティティを揺るがすような政治的混乱に見舞われている。そんな中でもミラノは、世界第二位の規模を誇る高速道路が建設された地域にあり、交通に便利な場所であるため、ヨーロッパに開かれた都市であり続けた。ミラノはロンバルディア州の州都であり一三〇万人の人が住んでいる。[*21] またこのミラノを県都とするミラノ県には一三四の自治体があり人口は三二〇万人となっている。[*22] さらに範囲を広げて見てみると、ミラノを中心とした都市圏は人口八一〇万人を抱えるイタリア四番目の大都市圏となっている。また、街中に西ヨーロッパでも有数の路面電車網も備えられている。その全長は一一五キロメートルで、路線数は一八である。そんな大都市ミラノは今、環境に対する取り組みにも真剣に取り組んでいる。ヨーロッパ排ガス規制であるユーロ0、1、2のディーゼル車の走行を禁止しており、二〇一九年にはその基準をユーロ3にまでに広げ、二〇二四年までにユーロ5まで広げる予定となっている。ミラノはこの措置によって、国際交通フォーラムより表彰を受けている。さらに、一九九八年に交通課金制度「エコパス」が導入されていたが、二〇一二年からは街の中心部にさらに厳しい環境規制を課す「エリアC」制度に改められた。この取り組みは効果を上げており、市当局はさらなる拡大を検討している。エリアCゾーンへの四三個の入り口にはそれぞれビデオ監視システムが設置され、進入する車両のナンバープレートを読み取り、ナンバーを通行料金の支払いデータベースと照合する仕組みとなっている。

ここで紹介したミラノの取り組みはさまざまな都市の取り組みのほんの一例である。それぞれの都市は独自の発展の仕方をし、都市の取り組みの方法も異なる。どんな街にも当てはまる解決策などはない。ただし、トップダウン的で組織の区別を維持したような古いやり方は通用しなくなっていることだけは確かだ。それぞれの都市の持つ特徴にあった形で、社会、政治、経済、エコロジーの取り組みなどを一新する仕組みを作ることが必要なのだ。また、新しい仕組みは、多様で複雑な、ときには反発する要素をも取り入れた幅広いものとなるだろう。

新しい発展の仕組みについて、自動車に注目して考えてみよう。自動車は都市が持続可能なものに生まれ変わるために解決しなくてはならない大きな課題のうちの一つだ。自動車に関する取り組みは、現在私たちが抱える気候変動という危機へ十分に対応できるものとはなっていない。例えば、いまだに自動車の個人所有率は高く、それが都市における交通渋滞や環境汚染を引き起こす原因となっているのだ。しかし自動車が引き起こす問題は環境破壊だけにとどまらない。自動車は都市の公共スペースを占領し、そのために住民たちの共有財産が失われているのである。大通りや車道、交差点、駐車場といった車のための場所は都市内に多く存在し、その建設には大量のアスファルトや無機物が使われている。つまり、車のためのスペースが多く設けられた結果、住民のスペースが削られているのである。車のためのスペースを減らせば、住民たちが憩いの時間を過ごし、自然や水と触れ合う空間を増やすことができる。それら住民のための場所を増やすことは、世界中の街にとっての課題である。だが、その重要性は明らかであるにも関わらず、それぞれの自治体が確固とした決断を下し、強い方針を打ち出そうとしていることに対して反発する声も大きい。それらの計画がときに大胆な改革を必要とするからだ。しかし、これらの改革が必要なものであることは、今後の歴史が証明してくれるだろう。冷静な目で見れば、これらの取り組みの重要性は明らかだ。

交通に関するさまざまな取り組みの様子を見てみよう。韓国のソウルでは、高速道路を減らし、代わりに埋め立てられていた運河を再生させ、清渓川（チョンゲチョン）公園を作るという計画が二〇〇二年から開始された。計画から一〇年以上経過した現在、この試みは自動車のための空間が住民の憩いの場へと生まれ変わった好例となっている。

ニューヨークでは二〇一二年まで市長であったビル・デブラシオが「OneNYC2050」[*23]とい

う計画を示し、道路の交通状況改善のため、新たな対策に資金を投入すると発表した。この計画に沿って、バスの速度を速めることや、混雑時間外に配達を行う業者への支援、ロウアー・マンハッタン内への歩行者優先ゾーンの新たな設置などの方策が進められている。これらの取り組みは人々の徒歩による移動を助けることを目的としている。また、ニューヨークでは自動車から通行料を徴収する計画も進められている。また、二〇一九年一一月の初め、ニューヨーク市議会は今後一〇年間に一七億ドルの資金を投じ、道路の整備や自転車と歩行者の安全対策を行う案を可決した。今後、ニューヨークは二五〇以上もの自転車道を新設し、歩行者のための環境整備も大々的に行われることとなる。これらは「自動車文化の解体」へ向けた動きの一環である。

かつて世界的に有名な麻薬カルテルに支配されていたコロンビアのメデジンも生まれ変わろうとしている。「メトロ・カブレ」と呼ばれるロープウェイの開通の後、メデジン河川公園の整備が行われた。この整備計画は川の整備がいかに人々の生活や都市全体を変えることができるかを示す証拠となっている。メデジンは今、自然への回帰、すべての人を受け入れる社会の実現、新しい都市機能の提供、活気のある街づくりなどが進められ、国際的に多くの評価を得ている都市となっている。

デンマークのコペンハーゲンは「五分の地域」、つまり必要な要件を自分の住む場所から五分の移動で済ますことのできる街づくりを目指し、創意にあふれた改革を打ち出している。ノルドハウン地区では、環境、社会、経済における新たな試みが生まれ、近隣を重視した街づくり、サービスの多様化やサービス提供の場への移動距離の短縮、といった目的に向けて動き出している。

アフリカでも、例えばルワンダのキガリはエコロジー、経済、社会といった三つの柱で都市の改革を進めている。二〇〇四年からはプラスチック袋が禁止され、住民がゴミの清掃を行う日「ウムガンダ」が設けられた。また脱炭素化への試みとして、街の中心部には歩道が多く設置され、サービス提供の場が分散されている。それだけではない。ルワンダは他国に先駆け、医療品の輸送に積極的にドローンを活用している国でもある。

また、中国の深圳（シンセン）は、世界で最も多くの電気バスを活用している街である。これは、集団での移動の推奨や住民の公共スペースの拡大を図るという政策の結果である。

今私たちが直面している危機への対策には、一刻の猶予も許されない。その場しのぎの対策では間に合わないのだ。二〇五〇年にカーボンニュートラル（温室効果ガスの排出量を吸収・除去量と同じ水準にして、実質的に排出量をゼロにすること）を実現するという目的を達成するには、今後三〇年間で二酸化炭素排出量を大幅に減少させなくてはならない。そのためには、移動手段の見直しが大きな鍵を握っている。都市の持つ資源の最大限の活用や住民の移動距離の短縮などを通じて脱炭素やサービスの近接化を図ることが、都市の大きな目標となる。

今見た例はそれぞれの都市が自分の特性を生かししつつ進めている試みであった。都市はその土地と深い関係を結んでおり、それぞれの特性を持っている。土地の特性を把握し、住民の事情をくみ取った政策を進めていくことは、自然の保護だけではなく、不平等の是正や住民の不満も解消する近道となるだろう。

場所に対する愛情、都市に対する愛情を持つということは、未来への危機を直視し、人々のその危機を正しく知らせる義務を背負うことでもある。都市は人々と住まい、人々と自然の関係を大きく変えてしまうほどの力を持っており、その大きな力が危機を招いてしまっている。事態の深刻さは何度強調しても足りない。今まで人々は、あまりにもその危機を軽視し続けてきてしまった。大規模な建設、天然資源の枯渇、環境汚染、水資源の濫用などが気候変動を引き起こし、私たちの生活に襲い掛かっている。その結果、人々の健康や、生物全体の生存が脅かされているのだ。

危機の本質を知るには、巨大都市の発生やメガロポリスの発展だけではなく、中・小規模の街の活動の影響にも目を向ける必要があるだろう。都市を取り巻く状況は、私たちの生活、都市空間と農村部との関係、生物多様性といったさまざまなものを大きく変えようとしているのである。

現状の変革のために自治体の首長たちはさまざまな取り組みを行っている。私たちは、そんな彼らの取り組みを支え、共に行動していかなくてはならない。各自治体は、勇気を持って目の前の課題に取り組んでいるのである。危機は間近に迫っており、私たちが行動しなければ最悪の事態を招いてしまうだろう。

第 6 章

近接性の実験

15分都市

「すべてが変わった。空間は狭まり、時間は短縮された。国境は撤廃され、世界は一つのものとなった。近い将来にはパリからブリュッセルまでの移動は分単位でできてしまうだろう。地球一周もたった数日間の旅程となるだろう」[*1]。文学史家のポール・アザールは「一九三〇年のフランス人」と題された講演でこのように述べている。彼は第二次世界大戦におけるドイツ占領前、最後に選出されたアカデミー・フランセーズ会員であったが、戦争のために一度も会合に出席することはなかった。そしてフランス解放の直前にこの世を去ることとなる。この発言はそんな一人の知識人の予言的な言葉である。

物理学の法則は絶対的なものだ。科学やテクノロジーは、距離や時間、加速度、力、運動エネルギー、位置エネルギーといったものを研究しながら発展し、近代を先導していった。一八〇〇年、人々はパリからリヨンへの四七〇キロメートルの道のりを乗合馬車で一〇八時間かけて移動していた。それが一八四〇年になると郵便馬車が登場し、移動の速度は大幅に上がり、移動時間は三六時間に短縮された。一八七〇年には列車により九時間一七分で到着が可能となった。そして現在、新幹線により同じ距離を一時間四七分で移動することができる。[*2]

ここでは都市の生活と時間の関係について考えてみたい。時間は今でこそ、ものごとを測るための道具となっているが、時間の経過という概念は最初、人々の体験や状態、感情などに結びついた主観的なものであった。交通手段に関する歴史家であるクリストフ・ストゥデニーは、このように言っている。「一八三〇年に人々は駅馬車で夜を徹して旅行していた。そして馬を替えるための休憩時間があったからこそ、ジョルジュ・サンドは五月の旅行の際、馬車より先に歩いて行って蝶々を追いかけたり花を摘んだり、道端でぶどう農家とおしゃべりをすることができたのだ。一方、ヴィクトル・ユーゴーがピレネーへ旅行に行った際、移動時間は三六時間そこそこしかかからなかった。宿駅での休憩はその土地の景色を十分堪能するほどではなく、あまりに早く移り変わる風景に多くの旅行者が不満を漏らすことになるのだった[*3]」。

一九世紀以前、時間の経過を測るものは、豪華な装飾の施された振り子時計であった。それは便利な道具というよりも、自分の裕福さを外に向かって示す記号の役割を果たしていたのだ。しかしその後、一九世紀に鉄道が発展すると客観的な時間というものが求められるようになる。そのため、フランスで時計の精度向上に向けた競争が激化したのであった。そして、二〇世紀の初頭になり労働過程の合理化を図るテイラーシステムやフォーディズムといった生産管理システムが登場し、生産ラインに従った大量生産が主流となると、時間の計測があらゆる場面に広がることとなる。テイラーシステムの生みの親、フレデリック・テイラーの論文の抜粋を読むとこのことがよく分かる。「労働者の怠慢や意図的な業務速度の遅れには二つの原因がある。一つ目は、のんびりと過ごしたいという人間の本能、いわば自然的怠惰である。そして二つ目は、労働者が集まって作業することで、雑多なことを考えるようになり、怠惰が生まれる。このような怠惰はいわば、『組織的怠惰』である」[*4]。テイラーは怠惰を解消するために、それぞれの労働者が行うべき工程を正確に測ることを考えた。それぞれの工程の時間を測ることで、その工程を行うのに最も効率のよい方法を定めようというわけだ。このような生産管理の原則は「ワン・ベスト・ウェイ」と呼ばれる。

アメリカの歴史学者でテクノロジーや科学、都市計画の歴史を研究したルイス・マンフォードは、産業革命を決定づけた発明品は時計であると述べている。「時計は大きな機械装置の一部であると言うことができる。その機械装置が『製造するもの』は秒であり分である」[*5]。正確で統一された方法で時間を測ることによって、仕事の工程を細かく分けることができるようになったのだ。そしてそのことで、企業の中で「工程管理部門」が設けられることとなる。工程管理部門は生産方法を検討し、行うべき業務の時間割を作る。こうして日や時間、分、秒といった時の正確な計測が生まれたことで、社会の構造は一変し、あらゆる分野にその影響が波及したのである。

一九六〇年代の後半になると、クオーツ式腕時計が登場し、時計が自動的に私たちの生活リズムを分割することとなる。一九六八年にフランスで五月革命と呼ばれる社会騒乱が起こった。これは学生たちによる抗議活動であったが、その際、産業のありかたへも非難の声が上がった。生産ラインに支配された労働に抗し、労働者の手に生産の主導権を戻そうという訴えが起こったのだ。しかし、都市化が進んだ現実の流れを止めることはできなかった。生産は時計によって計測され、時間によって定められた労働が都市の現実や構造を規定することとなる。こうして時間は客観的尺度となり、一つの方向に流れる直線的なものとなった。また、分業化した仕事によって、都市の中である分離が起こり、その後何十年にもわたって分離は広がっていくことになる。その分離とは、生活の場と仕事の場との分離である。生産のための場は生活の場から離れていき、土地はそれぞれの機能（工業、商業、住宅など）によって細分化され、それぞれの目的を果たすためには長い移動を余儀なくされた。現代は経済の中心が工業からサービス業へと移っているが、生活の場と仕事の場とはよりいっそう離されていく。そして、この都市機能の細分化により、弊害が次々と生まれることとなる。生活環境の悪化、不満の蓄積、生きがいの喪失などだ。また、近隣への帰属意識は薄れていき、人々は移動を頻繁に行うこととなる。

こうして地下鉄や高速鉄道、電車といった公共交通機関や個人所有の自動車の利用が増えていく。特に自動車は単なる移動手段としてだけではなく、権力や社会的地位、職業での成功などを示すシンボルとしての地位を占めることとなった。その変化の過程で時間はそれぞれの人が自由に扱うことができないものとなっていく。時間は、あらゆる人々に共通の基準となり、労働や生産を測る物差しとなったのだ。

ルイス・マンフォードは著書『歴史の都市、明日の都市』において、街が成立する過程を解明した[*6]。彼は都市の拡大を目の当たりにして、都市の成立が現代の社会問題に直接つながっていると考えた。彼は「生きている都市」や必要な都市機能を近隣に配置する「コンパクトシティ」といった考え方の先駆者であり、都市を一つの有機的なつながりと捉え、住民同士の関係や人と生活の場との関係を重視している。また、「大都市の金融中心化」といった現象や、都市が住民から乖離している状況を取り上げ、現代の都市では人々が政治の場面において操られ、デマに操られる危険性があること、テクノロジーの進歩を重視するあまり人々はテクノロジーに支配されてしまうこと、都市中心の考え方により地方の軽視が生まれることなどの問題点を指摘している。「物理的な側面や経済的な機能は都市を語る上では二次的なものにすぎない。都市と自然環境との関係、人間集団が持つ精神的な価値こそが都市の重要な部分なのである」。一九五五年、雑誌『ニューヨーカー』に掲載された「スカイライン」という記事において彼は、都市の問題を交通インフラや自動車の機能向上といった技術面での取り組みのみによって問題解決をしようとする姿勢を批判し、都市の拡大が人々の生活に悪影響を及ぼしている現状を指摘して注目を集めた。「ニューヨークの交通渋滞に対し専門家たちはさまざまな解決策を考え出した。だが彼らは道路の交通量を増やしたり、街への出入り手段を多様にしたり、駐車することのできる場所を増やしたりすれば問題が解決できるという単純な考えにとらわれている。本来ならば、都市の渋滞を解消するためには自動車の数を減らさなくてはならないはずだ。彼らの解決策は肥満に対処するのに服を大きくしようとしているようなものだ。ズボンの縫い目を緩めたり、ベルトを緩めたりしようとしているわけだ。だが、服の大きさを変えたところで大食の習慣はなくならないだろうし、かえって肥満を助長することになってしまうだろう」。

ルイス・マンフォード以外にも、ジャーナリストのジェイン・ジェイコブズをはじめとした数多くの人々が、いち早く同様の指摘や主張を展開していった。しかしこういった人々の発言は、真剣に取り扱われることはなかった。大量生産・大量消費をよしとする価値観が浸透していたからだ。「土地の特性や都市の個性を大切にし、時間の支配から逃れ、都市機能を近隣に配置することで質の高い生活が生まれる」、といった彼らの主張は理解されることはなかったのである。しかし、都市においてどれほどの時間が無駄に消費されているかを見れば、都市の現在の姿が決して理想的なものではないことは明らかだろう。なぜ朝六時に起きなくてはならないのか、なぜ家族と過ごす時間を犠牲にして通勤に一時間もかけなくてはならないのか。それ以外に選択肢はないからだ。生活のリズムや習慣は都市によって定められ、自分の自由にはならなくなっている。そんな都市の中に流れる時間の流れを見直す必要があるだろう。時間の重要性を理解し、空間と人々の移動と時間との関係に調和をもたらすのである。都市における時間の価値に注目し、時間という概念から都市の持つ機能を見直していく新しいアプローチは「クロノアーバニズム」と呼ばれる。「クロノアーバニズム」はジェイン・ジェイコブズの「生きている都市」や都市空間のありかたを見直す「ニューアーバニズム」運動[*7]、時間地理学を提唱したトルステン・ヘーゲルストランドなどの思想家たちの仕事[*8]、都市における時間のリズムを研究したフランソワ・アッシェール[*9]やリュック・グヴィアズジンスキー[*10]といったフランスの学者たちの研究や主張の延長線上にあるものだ。

私は都市における時間の流れを見直すという「クロノアーバニズム」を追求し、他のさまざまな分野を組み入れながら、現代世界が直面する危機への対処として、「15分都市」というコンセプトを提案するに至った[*11]。「15分都市」とは、一五分間の移動で必要な用事を済ますことのできる都市のことだ。このコンセプトは都市の中の時間の流れを変えようと模索した先行者たちの考えを継ぐものだ。さらに「15分都市」は、それらの考えの射程を広げ、時間以外のものにも目を向けている。「15分都市」は、例えば以下のようなことを行おうとする。都市の中にいくつもの中心を作る。サービス提供の場と住民を近づける。地域の価値を見直し、隣近所との絆を深める。労働中心の古い価値観、例えば失業者を排除するような価値観を捨てる。性差別的な考え、例えば自動車の所有者の大多数が男性であるような考えを改める、自分の住む場所に愛着を持つことができるような街を作る、などだ。これらのすべての根底には多くの中心を持つ都市という理想がある。多中心の都市が実現できれば、これらの目標への行動は一気に加速することになるだろう。

「15分都市」実現のためには、新しいアプローチが必要になる。ここで、三つの新しいアプローチを紹介しよう。「クロノアーバニズム」、「クロノトピー」、「トポフィリー」である。「クロノアーバニズム」は今まで見てきたように、都市に流れる時間に注目するアプローチである。

次のアプローチは「クロノトピー（クロノ＝時＋トピー＝場所）」である。都市の中にいくつもの中心を作るにはどのようなことが必要だろうか。都市の中のあらゆるものを活用し、住民が自分の住む場所の近くで必要を満たすことができるようにすることだ。そのためにも都市は私たちの望む機能に応じて形を変えていく必要がある。「クロノトピー」は、ある場所の機能を時間とともに考える視点だ。住民の身近な場所に必要な機能を配置するためには、すでにあるインフラや施設を最大限に利用しなければならない。通常であれば一つの機能しか割り当てられていない建物を見直し、多くの機能を持たせることを検討すべきなのだ。例えば、授業が行われていない時間帯に学校を社会活動や文化活動の場にすることもできるだろう。

最後に、人々が自分の街とつながっているという意識や愛着を育てることも重要だ。愛着を育てることで、都市が住民の意識から遠ざかったり、住民が街を軽視したりすることを防げるだろう。自らの場所に対する愛着に注目するアプローチは「トポフィリー（場所への愛）」と呼ぶことができる。

「15分都市」は、今見てきた三つのアプローチ（「クロノアーバニズム」、「クロノトピー」「トポフィリー」）をから導き出した理想の街である。「15分都市」はまず、都市の中の時間の流れを変えることを目的とする。都市に流れている時間を見直し、自分のための時間や家族との時間、近隣の人とともに過ごす時間を確保する。また、それぞれの場所の機能を増やすこと、そして誇りや愛情を抱くことのできる街を作ることも目指している。無駄に費やされていた時間を取り戻し、創造力を育む時間や、社会活動のための時間、自分と向き合う時間を確保する。これまで人は、せわしなく過ぎていく時間の中で個性を失い、互いに争い、ストレスを抱え込んできた。そのような時間を変え、人々が深くつながることのできる時間とする。どのような規模の街でも、時間の流れを変えることで、暮らしやすい街に生まれ変わるだろう。

二〇二〇年初頭、私たちは新型コロナウイルスという現代における最も重大な健康上の危機に直面した。[*12] しかし、世界的な危機を経験することで現代世界の状況が見えたことも確かだ。それはつまり、都市に流れる時間が個人を支配しているという状況であった。新型コロナウイルスの流行によって私たちは初めて都市に住む人々の健康について深く考え、改善のために動き出すこととなった。そして、住民を医療的に支えるだけではなく、新しい生活リズム、新しい社会の形を提案することも必要であると分かったのだ。新型コロナウイルスを経験することで、私たちは人生における時間というものの本質に立ち返ることとなった。確かに現在の都市生活には問題が多い。だからこそ気候変動やその影響に悩まされることになったのだと言える。しかし、問題があるということは、その問題を解決する手段も必ず存在するということでもある。まずは都市の中で空間と時間の不調和が生まれている現状を理解し、そこから私たちの生活様式や生産・消費のありかたを見直していくことだ。例えば、移動の問題がある。私たちから直線的時間を大幅に奪っている移動は、空間と時間の不調和が生み出した弊害の一つなのである。

地球が直面している危機は深刻だ。私たちは、早急に生活のありかたを根本的に見直さなくてはならない。新型コロナウイルスの流行というこれまでにない事態を迎え、パリやロンドン、ミラノ、東京、ブエノスアイレス、ボゴタといった世界都市、そしてその他のあらゆる街で新しい生活への試みがはじまっている。生活を変えることとは、都市の時間や空間と私たちの関係性を変えることである。そこで大きく持ち上がってくるのが移動の問題なのである。私たちは今一度、移動ということの意味について考える必要がある。そして、そこからより本質的な問いが浮かび上がってくる。「どのような街に住みたいか」、という問いである。

「15分都市」のコンセプトはエコロジー、人道性、公平性といったものを大切にした街づくりを目指すものだ。このコンセプトは新型コロナ以後の新しい街づくりの指針として、C40都市気候リーダーシップグループの基本方針の中に組み込まれ、その実現に向けた動きがはじまっている。ミラノ、エディンバラ、モントリオール、メルボルン、オタワなどはこの「15分都市」を目標として採用している。同様に、例えば国際連合人間居住計画、とりわけそのラテンアメリカおよびカリブ海地域事務所のような大きな国際機関も、「二〇三〇年新都市アジェンダ」という名の計画において、「15分都市」の考え方を取り入れている。こうして、「15分都市」は人々に受け入れられ、世界中に広がりはじめているのだ。新型ウイルスの脅威を迎えた私たちは「15分都市」のような提案をきっかけとして、「本当に住みたい街はどのようなものであるか」、ということを真剣に考えはじめた。これまでの都市計画では人々の居住の場と仕事場、商業、産業、娯楽の場を切り離すことを前提としていた。しかし「15分都市」はそれとは反対に、さまざまな領域を近づけ、近隣にすべてが集まる街を目指している。パリ市長であるアンヌ・イダルゴは再選の際、「みんなのパリ」というプログラムを掲げた。そして、この

「15分都市」の実現をそのプログラムの中心的な方針の一つとし、具体的な方策を示している。こうしてパリでは「15分都市」の実現が今後の都市計画の柱となったのである。[*13] このように「15分都市」は世界中で検討や議論の的となり、都市計画の主要部分を占めるまでとなった。この困難な時代の中で「15分都市」は、都市が生まれ変わるための計画や行動の指針として受け入れられることになったのである。

「時間？　そんなものは消え去った。世界はどんどん加速している、もっと早く、もっと遠くへ行かなくてはならない。もはや自分だけの時間など許されない。私たちは匿名性の中で、孤独にさいなまれて生きているのだ」。それが都市に生きる人々のこれまでの考えであった。そして新型コロナウイルスの流行によってその考えに拍車がかかってしまった。感染の拡大を防ぐためには人が多く集まる場所を減らさなくてはならなくなったからだ。しかし、そんな状況で私たちは疲弊している。また、環境汚染が深刻化している中で個人所有の車の利用を増やすわけにもいかない。そんな状況への解決策として注目を集めているのが「15分都市」なのだ。近隣ですべてのものごとを賄うというコンセプトは、人間に寄り添った形で都市の発展を導いていくものである。「15分都市」の考え方は、中心地というものを持たない街づくりを通じて、街や公共スペースの「混雑緩和」を行うというものである。例えば、道路は車両が通る場所であり、その車両は公害を生み出している。そのような場所は時代にそぐわない。道路の代わりに、植物の豊富な道や近場の商業施設、多くの人に開かれた教育施設などを作っていく。車両での移動を減らし、徒歩や自転車をもっと活用していく。都市の空間を占領している駐車場はテラスや人々の交流の場、物の修理を行うアトリエなどに変えていく。また、既存の路上設備を再利用したり、居住地域と商業地域を混ぜ合わせたりということも考えられる。これらのことを通じて、サービス提供の場を住民に近づけていくのである。

都市の中の人口密度の上昇や、その影響による生活環境の悪化という問題に対し、都市施設の多様な活用、サービス提供の近接化、移動の縮小といったことは有効な解決策となるだろう。「15分都市」は、消費や労働といった都市での生活のありかたを変える手段となる。移動の方法を見直すことで、人々は都市の中を散策し、都市の魅力を再発見することにもなるだろう。既存の施設は、日や時間によって用途や利用者を変える。このような近隣の範囲での街づくりが実現できれば、人々はより自由に時間を使うことができるだろう。

近隣の世界の中で生きるということは、空間や資源を住民同士で分け合うということでもある。都市の中にはさまざまな形で生命が息づいている。例えば、道や広場、庭園、公園、土手、大通り、壁、遊び場、文化的な場所、野外音楽堂など、さまざまな場所に都市の命が注がれている。近隣の中での生活とは、周りの人々と生命力あふれる街を共有するということだ。都市の中には感受性を育む場や生活の場、働く場や娯楽の場、人々が出会う場など、私たちが生きるために欠かせない場所がある。そういった場所の全体が、都市というものの姿なのである。わずかな距離でそうした場所に行くことができる街が実現できれば、急激な発展ではなく、穏やかな形での発展が可能になると私は考えている。都市にとって重要な社会的機能は大きく六つある。住居、仕事、必要なものの入手、教育、健康、娯楽である。それらへのアクセスまでの距離を縮めることが「15分都市」というコンセプトの目的である。

「15分都市」について考えるということは、都市が人々にどのような時間の流れを提供しているかということについて深く考えるということだ。すでに述べたように、徹底した生産・時間管理を推し進めたテイラーシステムやフォーディズムに基づく労働や、商業・産業・住宅などの地区がそれぞれ明確に分離している都市での生活は、人間にとって最も大切であるはずの時間が「消失」している。そのような問題が起こっている今、必要不可欠な社会的機能を維持しつつ、住民たちが穏やかに生活できるような街を実現させることが必要だ。そのためには先ほど紹介した「クロノアーバニズム」の考え方を取り入れ、時間と空間を有効に活用する必要がある。もはや、表面的な都市計画では足りないのである。本当に必要なのは、都市での生活そのものを変えることなのだ。これまでの都市の中の空間は、それぞれ単独の機能しか与えられておらず、都市の中心は一つしかなく、それぞれの地区は区切られてしまっている。そんな現在の都市から、多くの中心を持つ都市に変えていくのだ。新しい都市は主に四つの要素を軸にした都市である。その四つとは近接性（必要な機能が近くにあること）、混在性（多様な人々がともに暮らすこと）、密度（都市の施設や人、植物などの密度を適切に保つこと）、遍在性（ユビキタス）である。

しかしそもそも、時間とはどのようなものなのだろうか。ヨーロッパ人の考え方の根底にあるギリシャ神話からそのことを考えてみよう。ギリシャ神話で時間を象徴する神はクロノスである。このクロノスは時間の神であるとともに、運命の神でもある。また、クロノスは女神アナンケーとともに必然性を司っている。そして、クロノスの父とされるのは原初神であるカオスである。カオスは制御できない混沌、混乱を象徴する神だ。こうしてみてくると、クロノスは直線的に流れる時間、必然性、混沌と関係が深いことが分かる。つまりクロノスが象徴する時間は、制御できず、人を支配する時間なのである。しかし、クロノスの陰に隠れているが、ギリシャ神話には別の種類の時間を司る神がいる。神話にはカイオスという神もおり、この神は適切なときに行われる創造、行動が達成される瞬間、充実した瞬間を支配する神なのである。そしてもう一人の時間に関係する神、アイオーンは生命の力、内面的・個人的な時間、無限の生を支配している。私たちはクロノスの象徴するような一つの方向へと流れる時間だけが時間だと考えてしまいがちであるが、他にもカイオスが象徴する充実した瞬間としての時間や、アイオーンが表す人間の内面に関わる時間もまた、存在するのである。

一方向に流れる時間だけではなく、時間の他の二つの側面をも考慮した都市計画を立てることができれば、都市というものの姿が変わることだろう。私は、このことが都市の変化にとっての鍵の一つだと考えている。人類はこのままの生活を続けることになるかもしれない。つまり、実用性のみを考える生活、時間や空間が用途によってはっきりと区別された都市、人を追い立て疲弊させるような時間が支配する生活をこのまま続けるということだ。しかし、時間の他の側面を考慮した生き方を選ぶこともできる。カイオスの時間を取り入れることで、創造力にあふれ人間性を大切にする時間を過ごすことができるし、アイオーンの時間を取り入れることで、自分の心や感情を大切にした行動をとることもできるのだ。

イタロ・カルヴィーノの『見えない都市』を読むと、一方向に流れる時間だけが都市を作り上げているわけではないと気がつく。「夢としての街は欲望と恐れからできている。たとえそれらが見えづらく、その規則は混乱していて人を惑わせるものだとしても」。人の感情が都市を動かすのであって、客観的な時間だけが都市を支配しているわけではない。都市のリズムは一年の時期や、一週間の曜日によっても変わってくるだろう。[*14] 例えば、住民の休暇や息抜きは余暇の時間となり、都市空間の中にも休息が訪れる。また、季節は都市のリズムに影響を与える。そして住民たちの経験するリズムの変化は仕事のある日と週末、日中から夕方の移り変わりなどによっても変化するだろう。このように時間の流れは一定ではない。時間の流れの変化に柔軟に対応して形を変える街、それこそが「クロノアーバニズム」から描かれる都市の姿である。[*15]しかし、都市に必要なのは空間と時間の新たな調和だけでは足りない。カルヴィーノも言うように都市は「欲望」と「恐れ」から成り立っている。いかに都市の「欲望」をかなえながら、その「欲望」に付随する「恐れ」と戦うことができるか、それこそが今後の課題となる。「クロノアーバニズム」の他に、生活様式の改革必要な二つの考え方がある。その二つとは先ほど登場した、「クロノトピー」と「トポフィリー」である。この二つの考え方をもう一度見てみよう。

「クロノトピー」とは、都市生活の空間と時間とを合わせて考えることだ。「クロノトピー」を理解することで都市の声に耳を傾け、人々の共同生活の規則を把握し、私たちの生きる場所をよりよくすることができる。都市空間は限られており、人々は大勢でともに生活していかなくてはならない。この事実を受け入れることから「クロノトピー」の考えははじまる。「クロノトピー」の考え方は、すでにある場所の利用状況について調査し、より有効な活用ができないかを問うものである。その場所が時間経過によってどのような使われ方をしているかを知り、一つの場所の複数の使い方を検討するのである。同じ場所を複数の用途で利用することには、さまざまな利点がある。

●個人にとっては使うことのできる場所が増えることで、新たな活動をはじめることもできるし、現代の都市の抱えるさまざまな問題を解決することもできるようになるだろう。
●場所の所有者にとっては、施設やスペースを最大限に有効活用できるだろう。
「クロノアーバニズム」と同様、「クロノトピー」も時間という要素を大切にする。一日の時間帯によって同じ場所の用途を切り替えたり（駐車場、教室……）、曜日によって変えたり（市場、校庭）、一年の時期によって変えたり（大学、会議室、美術館など。例えば季節によってさまざまな顔を見せるセーヌ川岸）するのである。

「トポフィリー」は自分の住む場所を愛することを意味する。街に残る記憶を大切にし、現在に生命を与え、未来を照らし出すことだ。人はこれまでに自分がいた場所を自覚することで、これから向かう場所を定める。だからこそ人は自分の住む場所や都市を大切にする。場所への愛こそが新しい都市計画の土台となるのである。また、都市へ愛着を持つことで、ともに住む人々のとの共有財産を大切にしようという気持ちも生まれるだろう。「場所への愛」という意味を持つ「トポフィリー」は人と街、人と環境との関係に注目し、それらとの感情に基づいた絆を生み出すことを目指すのだ。街と人との心つながりといったものの構築は、簡単にできることではない。その目標の達成にはさまざまな要因が関わってくる。都市の機能を使いこなし、都市の時間を把握し、近隣で用事を済ますことができる街づくりだけでは愛情は生まれないだろう。街に対する愛着を育むために必要な方法はこの他に四つある。

●都市計画やその実現に向けた活動へ利用者である住民が熱心に参加すること。
●それぞれの場所を美しく保ち、見栄えをよくすること。芸術を取り入れ、街中の表示の文字をきれいにしたり、都市を色とりどりに飾ったり、さまざまなイベントを催したりすること。
●近くに気軽に自然と触れ合える場所を作ること。
●自治体のイニシアチブを確立すること。都市を活気づけようとする人々のネットワークを構築すること。

「クロノアーバニズム」と「クロノトピー」、「トポフィリー」という三つの概念を組み合わせると、「15分都市」というコンセプトへと行きつく。「15分都市」は都市の持つ可能性を無限に広げるコンセプトだ。時間と空間、質の高い生活、人々の社会的な絆といったものが緊密につながった都市のサイクルを確立することを目指すのだ。確かに「15分都市」はすぐに実現できることではない。これはあくまでも目標であり、指針なのである。しかし、「15分都市」という理想は、都市が住民の意識を体現し、すべての人々にとって生活しやすい場所となり、都市に心を通わせるための大きな挑戦なのである。

「15分都市」の基本の考えは、住民の要望と、それに応える場所の距離を縮めることである。また、人々の社会的、経済的、文化的交流を深めることで、都市をさまざまな要素の絡み合う場とすることも目指している。そのためには、人々が出会い、交流する公共の場所を増やすことが必要だろう。デジタル技術が発達し、共同で働くモデルや、ものやサービスをシェアするモデルが確立しつつある。デジタル技術を用いることで都市のサービスも効率的に提供することが可能である。これからの都市に必要なことは、新しい時代の公共サービスを生み出し、近隣のネットワークを強くすることだ。人々の共有財産としての都市を再び活性化する挑戦がはじまっている。

近隣の街づくりによって、新しい経済的・社会的モデルが生まれつつある。例えば、近隣での生活の価値を再発見すれば、これまでのように移動を強制されることはなくなり、徒歩や自転車など、多様な移動方法を選択することができる。また、近隣の人々の社会的なつながりが深くなれば、都市の姿が変わっていくだろう。そうすれば街は最も大切な役割を取り戻すこととなる。街の最も大切な役割とは、人々の生活を支える場となることだ。そのためにも、都市の施設にさまざまな機能を与えることで、一つの場所が提供できるサービスを増やすことが必要だ。また、人々が対面にて交流する以外にも、デジタル技術を用いたリモートでの交流という選択肢を加えれば、移動をさらに減らすことができる。さらに、近隣の街づくりはサービス提供の場を近づけるとともに、さまざまな人々の交流を促すことも目指していく。人々の出会う機会を増やし、少数の人々の排除や差別をなくしていく。人々の助け合いや連携を深め、他者を思いやり、お互いに必要なものを分け合うことのできる社会を目指すのである。また、弱い立場にいる人々が周りに人の助けを求められる社会の実現も「15分都市」の目指すことの一つである。

このように「15分都市」の根本的な考え方は、一つの場所に複数の機能を持たせ、それぞれの機能も可能な限り新しい形に生まれ変わらせることにある。また、「15分都市」は中心地を多数持つ都市でもある。哲学者パスカルの言葉にこのようなものがある。「至る所に中心があり、外周はどこにもない無限の天体」。「15分都市」とは、まさにこのような空間なのだ。都市が提供できるものは無限にある。「15分都市」の目指すことを列挙してみよう。インフラの形態を多様化し、緑のあふれる心休まる道路や、徒歩や自転車などの移動に適した道を増やす。自分の住む場所の近所で買い物を済ませたり、必要なサービスを受けたりできるような仕組みを作る。街の学校は生徒以外にも多くの人が集まる場所とする。医療の中心地をそれぞれの市民の住む場所の近くに設置する。市民のための文化施設を増やす。例えばディスコ施設を昼間の時間帯にスポーツホールとして利用したり、スポーツ施設を使っていない時間帯に教育支援や近くの企業のための物品修理の作業場として利用したりする、などだ。このように街にある施設に多様な機能を与えることにより、市民が積極的に活動できる場を増やすことができる。そうなれば街は多くの人が出会い、結びつきを深める場となることだろう。

また、現代のように街に無機物があふれてしまうと、人は生きづらさを感じてしまう。街には計画的に有機物を配置させるべきだ。さまざまな場所に緑を置き、街の中に生命をあふれさせるのである。そうすれば、生活は穏やかになり、人々のつながりも強くなる。また、建物の内部に植物を取り入れたり、屋上緑化を設置したり、建物の間の空間や道に緑を配置したりすれば都市は活気づき、社会における人々の関係性も育っていく。

近隣の街づくりが実現すればさまざまなよい結果を生むことになるが、その中で特に注目すべきは二つの事柄である。一つ目は、人々の交流が促進されることである。人々の交流が積極的に行われれば、中産階級を中心とした人々が街に定着し、社会の団結力も高まることとなるだろう。二つ目は、恵まれない境遇にある人々がさまざまなサービスを受ける手助けとなることである。それぞれがどれだけ努力しているかに応じて、また、それぞれの所得も加味しながら、各家庭に必要なだけの援助を与えることが可能となるのである。

「一五分の街」は、以下の四つの要素を組み合わせた街である。

一つ目は、有機物の密度だ。都市の中に動物や植物があふれる環境を作ることによって、都市に住む人々は豊かな生活を営むことができ、街が活気づく。

二つ目は近接性である。人々が交流する場を増やし人と人との距離を近づける。そうすれば住民同士が協力して創造性を発揮することが可能となり、物質的・非物質的な文化的遺産への意識が高まる。人々の共有財産である緑の枠組み（植物）、青の枠組み（水）、白の枠組み（公共空間での照明）といったものへの意識も高まる。

三つ目は混在性である。多様な人々がともに暮らすことのできる環境や交流の場が生まれれば、住民の活動が活発となるだろう（経済的活動の活性化、地域産業の復興、公共サービスの拡充）。また、すべての人を受け入れる社会も実現できるだろう（相互扶助の仕組み作り、近隣のネットワーク確立、地域のつながりの強化、都市に生きる人々の意識改革、ハンディキャップを持つ人々の受け入れ、市民同士のトラブルの緩和）。また、世代間の交流も深まる（子ども、高齢者、超高齢者が一人で、または同伴者とともに歩いて回れる場所を増やす）。男女の平等の実現（男女がともに利用できる公共スペースやサービス提供の場の設置、都市が女性にとって住みやすい場所であるかを歩きながら調査する活動）、文化的な生活（近くに文化に触れる場所を作る、パフォーミングアーツなどの活動の場を提供する、都市全体のアイデンティティの確立、住民以外の人々をも受け入れる街づくり、ゴミ削減に向けた地球規模での取り組み）も可能となる。

そして四つ目は、ユビキタス（遍在性）である。デジタル技術の進歩によって、既存のインフラを最大限活用することや、サービスの提供のコストを下げることが可能になった。また、デジタル技術を利用し、都市の文化遺産を体験したり、豊かな文化活動に触れたりといったことが容易になる。また、文化を受容するだけではなく、発信することも容易となる。またサービスの提供を阻んでいた障害を取り除いたり、医療や教育の不足や不備を緩和したり、映像を活用してサービスを提供したりもできる。そうすれば近隣の街づくりはさらに発展するだろう。それだけでなく、サービスを受けるための移動を少なくすることで二酸化炭素の排出を抑えることができ、環境への取り組みにも役立つはずである。

それでは現在の街を「15分都市」に生まれ変わらせるためには、どうすればよいのだろうか。具体的な方法を考えてみよう。

まずは現状を知ることだ。都市の中の土地を誰がどのように使っているか、その場所がどのような役割を担っているかを確かめる。そして街にはどのような資源があり、どのように分配されているかを知ること、近隣にどのようなサービスが提供されているかを知ることも必要だ。近場に医師がいるか、保健センターや小売店、工房、洋服店、本屋、市場、スポーツ施設、映画館、劇場、文化施設、公園、遊歩道などがあるかを調べる。また、道路や広場がどのような使われ方をしているか、緑地や公園、噴水などの憩いの空間が十分にあるか、なども調べる必要がある。自宅で働いているのか、家から遠く働きに行かなくてはならないかなど、労働の現状も確かめておかなくてはならない。このような具体的な段階を踏んで、「15分都市」を実現するのである。

私はこれまでの研究で、コンパクトな街の理想として「15分都市」を提案してきたが、そのコンセプトは人口の多い街だけではなく、人口密度が中程度、もしくは低い地域についても適応できる。[*16] しかし、その場合は、一五分の移動で必要なサービスを受けられるようにすることは現実的ではない。人口密度の低い地域の新しいコンセプトは三〇分で必要な用事を済ますことのできる地域、「三〇分の地域」というものとなるだろう。

第4章でも触れたようにフランスでは今、炭素税の値上げなどに反対する「黄色いベスト運動」が起こっている。この運動の原因の一つは、フランスの交通事情に対する怒りである。私は、人々の住む場所と活動する場所とを近づければ、その問題も改善すると考えている。もちろん、自動車をすべてなくしてしまうことはできない。都市を離れれば自動車が主要な交通手段であるという現実は、今後も変わることはないであろう。しかし、自動車の利用方法を変えることは可能だろう。例えば自動車の個人所有をやめて、カーシェアを推奨することなどである。また、コンピューターを用いた自動車の相乗り予約システムや利用者の予約に応じて運行する交通機関も考えられる。交通手段のシェアの新しい仕組みを作り、二酸化炭素の排出を抑えた移動手段への財政援助や税制面での援助を行うことなどを通じて移動にともなう問題は解決できるだろう。住民の同意があれば、ネットワークを通じて人々の位置情報を取得し、目的地への最短距離を割りだすこともできるし、それぞれの人の状況に応じた移動経路を見つけることもできる。それぞれの試みの根底にあるものは、「限りある資源を皆で分け合う」という考えなのである。

新型コロナウイルスの流行で、物やサービスの近接化という方針の正しさが明らかとなり、その実現へ向けた動きが加速することとなった。新型コロナウイルスによって都市の急速な時間の流れを変え、近隣の街づくりを進めていく必要性が明確なものとなった。街の道路は本来、自動車の通り道ではなく、人と人とをつなげるためのものであったはずだ。道に本来の目的を取り戻させなければならない。また今回の出来事で、私たちはテレワークという働き方が可能であると知った。また、どうしても長い時間の移動が必要な場合でも、新しいテクノロジーを活用すれば、移動に費やしている時間を節約したり、新しい時間の過ごし方もできると知った。多くの人が考えていることとは異なり、時間を私たちの味方につけることは可能なのだ。人生の質は、自由な時間をどれだけ持てるかに関わっている。確かに今、世界はさまざまな危機を迎えている。しかし、たとえ他のすべてのものの歩みが止まってしまっても、都市だけは進歩を続けることだろう。「15分都市」、脱中心化した都市、多くの中心を持つ都市、細かく網目が張り巡らされた都市という理想は、都市自体が持つ再生力を十全に生かした理想なのである。

第7章

大転換

大都市化、
グローバリゼーション、地域

地球は今、存続に関わる危機に直面している。そんな中、エドガール・モランはある文章の中で、「崩壊は迫っている。しかし、変化は保証されていないが可能性は残されている」[*1]と書き、求められている変化について問うている。そしてすべてのことについて考えを改め、すべてのことを最初からやり直さなくてはならず、現行のシステムや生活様式が内側から崩壊する瀬戸際にある中、起こりつつある再出発の動きについて語っている。その再出発は「人に知られることなくひっそりと、世界の片隅で単発的に」起こっているという。彼はこの記事で、今後の世界に必要なことをこう述べている。「創造力の噴出。地域を発信源とする数多く活動で経済や社会、政治、認識、教育、倫理などといった領域の変革を起こすこと、生活の刷新」。また彼は想像力にあふれた予言的な言葉も記している。「それぞれの試みはお互いに知られることもなく、どのような政府もその試みのすべてを知ることはできず、どのような政党もその動きを察知することはないだろう。しかし、そのような隠れた挑戦の数々が未来を作っていくのだ。それらの動きを知り、比較検討し、それぞれを組み合わせて大きな変革へと導いていかなくてはならない」。彼は、今の世界が「最善とは言えないかもしれないが、よりよい世界のうちの一つ」に変わっていくという希望の根拠は主に五つあるという。一つ目が起こりそうもないことが起こるという奇跡の可能性、二つ目が人間に備わっている新しいものを生み出す特性、三つ目が危機というものが持つ人を動かす力、四つ目が最大の危険は同時に最大の好機でもあるということ、そして五つ目は、人類が何千年もの間、抱いてきた調和への願いである。

モランの言う希望の実現は決して夢ではない。一九九三年一二月二日、私はコロンビアで開かれた会議に出席した。ちょうどその日、コロンビアの都市、メデジンを牛耳っていた世界的に有名な麻薬カルテルの首領、パブロ・エスコバルが死亡している。警官から逃走していた最中、建物の屋根の上で銃撃を受けたのだった。同時に、一九七〇年代から彼が暴力や暗殺、麻薬売買、賄賂といった手段を用いながら築き上げ、絶対的な権力者として君臨した王国が、終わりを告げたのである。これをきっかけに、この街は大きく変わっていった。その後私は、メデジンの再生を進めるリーダーたちと会談を行っている。また、二〇一五年には、世界中の都市の責任者たちが都市の抱える問題の解決を話し合う「シティーズ・フォー・ライフ」の会議がこの街で開かれた。そのようなことが実現するなど、かつては想像すらできなかった。この街は世界中に再生や変革に向けた強い意思を示し、都市の生命力の強さを証明したのである。

こうしてメデジンは大きい変化を成し遂げ、改革の最も成功した街の一つとなった。ちなみに、その一年後、「シティーズ・フォー・ライフ」の会議はフランスのパリで行われている。参加している街は「生活のために行動する都市」として世界中に明確な意思表示をしているのである。

大きな困難を乗り越えたメデジンの歩みを目の当たりにした現在、都市の変化の可能性を指摘したエドガール・モランの言葉が正しいことを実感するとともに、他の街も変わることができると信じられるだろう。「人は幻想なしでは生きていけない」と小説家ウージェーヌ・シューは『パリの秘密』[*2]の中で書いているではないか。ちなみに、『パリの秘密』は一九世紀のパリの緊迫した社会情勢を描いた小説である。一八四二年から一年以上かけて新聞に連載され、連載当時、数十万人もの読者を獲得した。また、フランス二月革命直前に書かれたこの大河小説は多くの作家に影響を与え、その後、他の街々の「秘密」を扱う小説が次々に登場することとなった。マルセイユ、ロンドン、リスボン、ナポリ、ベルリン、ミュンヘン、ブリュッセル、といった具合である。都市に深く根付いた文学は大衆を動かし、作品という枠を超えてその土地についての真実の証言となっているのだ。

自らの住む場所への愛情は大きな力となる。場所への愛情を持つ人々は、たとえ大きな困難に直面していても、街を大きく変えることは可能であると信じている。「現状を告発するだけで満足してはならない。新たな提案こそが求められている」。そうエドガール・モランは訴える。「「地球こそが祖国である」という意識を持つならば、むしろ、画一的なグローバリゼーションの手法とは一線を画さなければならない。必要なのは、近隣の食料、近隣の工芸、近隣の商業、都市の周りの野菜栽培を発展させること、地元や地方のコミュニティを発展させることなのである[*3]」。

モランの呼びかけはこの上もなく明確だ。自らの土地を耕し、改革の運動に加わること、正しい考えを持った人々の行動や運動に参加することを人々に訴えているのだ。彼の言葉は私にいつも新しい発想を与えてくれ、自分の抱いている信念を正しいものとして確信させてくれる。その信念とは、私は世界市民であるとともに、パリ市民であるということだ。自分が赴く場所に何らかの貢献をしたいと考えている点で私は世界市民だ。その一方、世界都市パリが行う改革、パリ市民やパリ以外に住む人々のために行う改革に協力したいと願っている点において、パリ市民なのである。グローバリゼーションを脱し、近隣へ目を注ぐという彼の主張は、私が「15分都市」と「三〇分の地域」というコンセプトを生み出すのに大きな力となってくれた。私の提案も「祖国としての地球」という理想を前提としながら、その中で近隣という範囲での街や地域を作り上げようというものであるからだ。モランの力強い訴えは今から約一〇年前に発せられたものだが、今でも新しさを失ってはおらず、緊急で取り組まなくてはならない目標であることは変わらない。モランの言葉は、近隣の街づくりを推進するすべてのリーダーたち、特に「祖国地球」の中で自分の街や地域を変えようと奮闘している都市の首長たちに向けた敬意と感謝なのである。

ＣＯＰ（気候変動枠組条約締約国会議）、特にパリで開かれたＣＯＰ２１[*4]は気候変動に対処するための取り組みの基礎を築いたが、同様の試みは他にも進められている。「気候へ向けた市長サミット」、国連の設定した一七の持続可能な開発目標[*5]、ハビタット３（第三回国連人間居住会議[*6]）などである。他にも、都市発信のさまざまな試みがある。例えば都市の首長たちが定期的に開催している重要な国際会議としては、都市や自治体連合の国際組織であるユナイテッド・シティーズ・アンド・ローカル・ガバメンツの会議[*7]、Ｃ４０都市気候リーダーシップグループの総会[*8]、大都市のネットワーク組織である世界大都市協会（Metropolis）の総会[*9]などがある。またさまざまな分野の代表者たちの団体の開く会議としては、フランス語圏市長協会[*10]、エネルギーについての問題を検討する地方自治体の集まりであるエネルギー・シティーズ[*11]、ヨーロッパの都市ネットワークであるユーロシティーズ[*12]などがある。この他にも、アメリカではドナルド・トランプに抵抗する市長たちの意思表示が行われたり、ロンドンではイギリスのＥＵ離脱に際して抗議の運動が展開されたりと都市を中心とした活動もみられている。これらの動きは、世界にとって都市の首長たちの存在、そして彼らの精力的な活動が大きな影響力を持っていることを示す好例なのである。

フランスでは二〇一七年にフランス・ウルベーヌが設立された。[*13] これはフランス国内の大都市や街が一つになって共通の課題に取り組むための団体である。この団体の設立は、フランスの街が団結して積極的に活動するための大きな一歩となった。フランス・ウルベーヌはこれまでに存在していた組織であるフランス大都市市長連合とフランス都市共同体連合が統合して誕生したもので、フランスの大都市や大規模なコミュニティ、首都圏、都市周辺地域の代表者から成り立っている。政治的な傾向を問わない九七人の代表者が参加しており、それらが代表する自治体の住民は合わせて三〇〇〇万人であり、参加している自治体の総生産を合わせるとフランス全体の半分ともなる。フランス・ウルベーヌは発足するとすぐに二〇一七年の大統領選の候補者たちに対して、「地域の集まりとしての共和国」という意識を持つように訴えた。[*14] このことからも、「地域間の結束」を強化し、独自の方法で近隣の活性化を目指すフランス・ウルベーヌの立場が分かるだろう。都市化の影響を受けている地域間の均衡を回復し、フランスの大都市の発展にともなうさまざまな問題を解決することが組織の目的である。フランス・ウルベーヌは、フランスの都市アラスにおいて表明した「アラス宣言」で、都市にとって重要な三つの要素を強く訴えている。それは責任、対話、自治である。この三つこそが永続する都市、科学技術を上手に活用する都市、倫理的な都市、そしてフランス共和国の理念にかなう都市の実現のために不可欠な要素だというわけだ。[*15] 都市がこれほどまで強く自らの立場を表明したのは今回が初めてだろう。これからは大都市の首長や代表者、そして都市全体が国や世界を先導していく時代なのである。

世界と都市の関係について考える際に、重要になってくるのは、「グローバリゼーション」に対する態度である。グローバリゼーションの是非については現代社会で大きな論争のテーマとなっている。フランスを含め多くの国の方針はこのグローバリゼーションについての態度によって決定されていると言っても過言ではない。極右政党である国民連合の党首であったマリーヌ・ル・ペンに言わせると、グローバリゼーションは「自由貿易、行き過ぎた競争、国境の消滅」を生み出し、「大量の移民」を生み出し、世界を混乱させる原因だ、となる。彼女の政策や主張の根底には、反移民や反外国人の考えがある。このような考えは、他国からきた人々を「よそ者」として排除することであり、他者へ向けて開かれた国や街を作るという責務から逃げているにすぎない。国民連合が掲げる他者の排除という論理は、他の国々でも見られる。反移民、反外国人の考えを持つ人々の主張はそれぞれ微妙に異なるだろうが、突き詰めれば「フランス人のためのフランス」、という主張になる。またこれをヨーロッパに当てはめると、

「それぞれの国民のためのヨーロッパ」ということになるだろう。
「移民の波」は最大の脅威として喧伝され、国境を厳しく監視し国を閉ざすべきだという主張の根拠として利用されてきた。反移民を掲げる人たちは「家族としてのフランス」という大義名分の下、国が移民によって「転覆する危機に瀕している」と主張し、国民の感情に訴えようとしている。しかし、統計を見てみるならば、フランスが移民によって圧迫されているなどといった事実はない。反移民論者の主張には国民感情を操ろうという目論見が透けて見えている。[*16]
実際、フランスの歴史を見てみるならば、これまで移民によって国家が脅かされたことなどない。それにも関わらず反移民を掲げる人々は、単一の国民による国民国家を主張し、自らの国に高い壁を築き、外国の人々を排除しようとする。自らの国の近くであろうが遠くであろうか関係なく、また自国の中にいようが外にいようかも関係なく、自分たちと異なるという理由で他者を追い出そうとしている。「外国人はすでに私たちの国境の中に入り込んでいる。敵は私たちの中にいる。われわれのアイデンティティを守るため、彼らを追い出さなくてはならない。自由・平等・博愛、民主主義、人々の交流、多様性などは不要である」、というわけだ。彼らにとって共和国の理想に意味はなく、意味を持ったとしても選挙のための口実にすぎない。彼らは単に自分とは異なる他者を追い出したいだけなのだ。国民に「フランスを愛するか、フランスを去るか」という二者択一を迫り、異質な要素を排除しようとするのである。このように、移民という観点からグローバリゼーションへ反対する立場には、根拠があるとは言えないのである。

二一世紀を迎えた現在、世界は他者排斥とは逆の方向に進んでいる。世界はさまざまな要素が入り乱れる都市によって動いているのである。現代はまさにグローバリゼーションの時代である。それでは、「グローバリゼーション」という概念はどのような歴史を持っているのだろうか。都市化に伴うグローバル化が現代世界の特徴であると言われているが、グローバリゼーションと呼べる状況の起源は古く一〇世紀以上も前のことである。それについて中世を専門とする歴史学者でありソルボンヌ大学で教鞭をとっているティエリー・デュトゥールの論文、「グローバリゼーションという都市の冒険、中世から『グローバルブラブラ』の現代まで[*17]」を見てみよう。彼は、都市化という現象が起こったのは、八、九世紀頃であったと主張する。また、都市化という新しい現象は自然発生的に生まれたとも言う。中世初期に商業の場や工芸品などが生み出される場所を求めた結果、都市化が進みラテンヨーロッパは大きく発展した。そしてその後の一五世紀以降、ヨーロッパの外の世界へもその影響が派生していったのである。実際、一〇世紀にはすでに世界規模での市場＝グローバル市場が出来上がっていたというのだ。「もし世界市場がなかったというのならば、九〇〇年前後にドイツの街であるフランクルト・アム・マインでインド産のスパイスを購入したり、金鉱を持たないヴェネツィア共和国が一五世紀初頭に毎年、純金四トンに相当する一二〇万ものドゥカート金貨を鋳造したりできたという事実をどう説明するのだろうか」。

グローバリゼーションの状況は昔からあった。しかし近年、その状況を自らの主張の論拠として取り入れようとする人々によって利用されたことで、「グローバリゼーション」という言葉が流行したにすぎないというわけである。ティエリー・デュトゥールはまた、街は八、九世紀から形を変えながらも世界の生産の特別な中心地であり続けている、という事実を指摘している。「多くの場合、グローバリゼーションという言葉は、単にある事態を説明するためだけに使われるわけではない。グローバリゼーションという言葉は、世界の人々が混ざり合っているという現状を都合よく利用するために、または逆にその状況を非難するための便利な言葉として用いられている」[*18]。重要なのは「グローバリゼーション」という言葉に振り回されることではない。重要なのは、世界都市の出現によって二〇世紀までの私たちを取り巻く状況がどのように変わったかを理解することである。「グローバリゼーションという大転換」などといったものに注目しても、複雑に絡み合った世界の街々の関係の変化や世界の人々の関係の変化、国家という枠組みの変化を分析することができないだろう。また、グローバリゼーションという状況は、決して外国の人々への憎悪を正当化するための「理論」とはならない。グローバリゼーションによってヨーロッパが外国によって支配されたり、移民に埋め尽くされたりといった事態が起こるはずはない。移民が急激に広がってフランスに住む人種のバランスが崩れるなどという心配もする必要はない。注目すべきはグローバリゼーションではなく、都市なのだ。本当に考えるべきは、都市と世界との関係がどのような変化を迎えたかということだ。現代の都市は、世界を動かす主導的な役割を演じるようになり[*19]、新しい価値を創出し、人々に大きな影響を与える存在となった。危機を迎えている世界の中で、都市が変革のための行動を先導し、新しい形の生産・消費の流れを生み出す場となっている。また、近隣地域や地方、農村地帯と都市との関係性も変わりつつある。中心地があり、その中心地がすべてを支配するという国の姿が変わっているのだ。これからはそれぞれの街、大都市が世界全体で協力関係を築いていくこと、それぞれの地域との連携を強化し、雇用を生み出していくことが求められている。街が協力し「失業ゼロの地域」を生み出し、どんな人をも排除しない社会を実現していくべきなのだ。

さて、グローバリゼーションという言葉に関連して、世界における都市の立場を見てきたが、今度は国の中に目を向け都市と農村部との関係を見ていくことにしよう。都市と農村部との関係、大都市と田舎との関係はこれからどのようになっていくのだろうか。これまで都市と農村部とはお互いに愛情と憎悪を抱きあうといったような、感情的な関係にあったということができる。しかし、今後、その関係性も大きく変わっていくことだろう。それでは都市と農村との関係はどのように変化していくべきなのだろうか。農村部はこれまで国の食料生産の大部分を担ってきた。そんな農村部は今、農業の工業化の波や、都市生活者の割合増加という変化の影響を大きく受けている。そこでは大量の農薬使用や水質汚染、大気汚染、生産量の増加のための機械化、温室効果ガスの排出などが大きな問題となっている。温室効果ガスに関しては、農業による排出が全体の一六・四パーセントを占めているのである。[*20]そんな状況の中、生活の質や健康、水や環境、自然の景観や生物の多様性を守りつつ、農村部を発展させていくにはどのようにすればよいのだろうか。

　現在の農村部が抱えている問題として、人口や農家の数の減少、農業の過度な集約化などを挙げることができる。また、「土地収奪」といった問題もある。土地収奪とは海外の国が自分たちの国向けの生産を行うために、農地を大量に買収している事態のことだ。[*21]今後、これらの問題に向き合い、解決策を見つけていかなくてはならない。また、食物連鎖の流れや自然環境、土地や水源に配慮した上での資源確保も必要となってくる。加えて、農村部が徐々に貧困化している問題もある。これらさまざまな問題に対処するためには、農村部を取り囲む都市部とも連携をとりながら、土地の整備や環境の保護を進めていかなくてはならない。農村部の開発はどのような形で進めていくべきなのか、農村と都市との関係はいかにあるべきか、今後の発展の方向性を定めなくてはならない。都市と農村、首都圏と田舎、そしてより大きな視点から見ると大都市と周辺地域との関係は歴史を通じてさまざまに変化してきたが、二一世紀になりフランスではその関係に改善の兆しが見えはじめている。大きな変化が起こりつつあるのだ。

しかし、大きな変化について触れる前に、フランスを例に、都市の農村がどのような関係を持ってきたか、歴史を振り返って見てみよう。これまでフランスの都市と農村とは、歪んだ関係にあったということができる。人々は「村」というと、鐘楼のある教会や田舎の牧歌的な生活を思い浮かべる。このことからも実感できるように、都会の生活と田舎の生活は完全に乖離したものと見られがちだ。都市と農村の乖離はフランスの行ってきた大きな土地整備が原因である。この政策がフランスに大きな変化を引き起こし、その影響はいまだにはっきりと見て取れるのである。

その政策について説明しよう。フランスではパリ、リヨン、マルセイユ（三つの頭文字をとって「PLM」と呼ばれる）の三つが主要都市として国全体のイメージを作り上げてきた。これらの都市が大きな力を持つことになったのには理由がある。それは鉄道路線の整備と発展である。ナポレオン三世の時代、「皇帝路線」とも呼ばれた全長八六三キロメートルの路線が開通した。この路線は三つの都市を通りながら、地中海へつながっている。パリを出発し、イル・ド・フランス地域圏を進み、ブルゴーニュ、フランシュ＝コンテ、オーベルニュ、ローヌ＝アルプ、そしてプロヴァンス＝アルプ＝コートダジュールといった地域圏を通る路線である。この鉄道によって三都市がつながり、大きな発展を遂げることとなったのである。

また、パリがフランスの中心地として異常な発展をし、他の地域や農村部に対して支配的な地位を持つに至ったのには、「ルグランの星」と呼ばれる鉄道計画の存在がある。一八四二年に土木局長であったバプティスト・ルグランが行った提案をきっかけとして、国の援助による鉄道の建設がはじまることとなったのだ。同じ年の六月一一日、フランス幹線鉄道建設法が制定され、今後の鉄道建設に政府が関与するという仕組みが出来上がることになる。こうして鉄道はパリを中心として星のような放射状に建設され、首都であるパリと数々の地域とが結ばれたのである。その結果、フランスの人々は、パリとそれぞれの地域とを移動するという生活を送ることとなった。こうしてパリ、リヨン、マルセイユの三都市は経済的に大きく発展し、フランスの中心地となっていったわけだ。この中心化の流れは中央集権化を進めるフランス国家の方針によって推し進められたのだが、当時の国際競争の状況にも関係している。当時のフランスはイギリスやドイツ、ベルギーそしてもちろんアメリカと比べ、鉄道網の建設が遅れていた。鉄道の設置距離はたった三一九キロメートルにすぎなかった。その遅れを取り戻すべく国が主導して鉄道網が整備された。その結果、フランスの三都市が国の中心地として大幅な発展を遂げたというわけだ。

ここにフランスの特殊な事情がある。鉄道でつながることでそれぞれの地域圏の首府である二二個の街は都市化が進んでいったのに対し、農村部のコミューン（フランスの地方自治体の最小単位）は昔ながらの姿を保つこととなるのだ。歴史のある教会のある昔ながらの村というノスタルジックなイメージを持つ農村部のコミューンはアンシャンレジームの王政の時代に作られた約六万の教区の流れを汲みながらフランスの国土に根を張っている。アンシャンレジーム時代の教区は行政的、財政的なまとまりを持つ最小の地域単位であった。「十万の鐘楼を持つ王国」とも称されたキリスト教国であったフランスを支配していた歴代の王は、この小教区があったおかげで、土地を所有していた領主を通さず、直接的にそれぞれの地域とつながることができたのだった。

そんなフランスの行政区分に変化が生じたのは、フランス革命においてである。革命が勃発し、指導者の一人であったミラボーの提案によりコミューンが作られたのだ。「一つの教区を一つのコミューンに置き換える」という方針の下、コミューンが設置されていったが、同時に複数のコミューンをまとめる小郡、郡、県といった行政区分も作られることとなった。一七九二年にはいくつかの小教区コミューンがまとめられ、現在のコミューン数と近い四一〇〇〇となった。現在の九〇パーセントのコミューンや郡がこのフランス革命期に定められた境界を維持している。その後、ナポレオン三世による第二帝政時代の改革でいくつかコミューンの変更があったが、その後はほとんど変わっていない。一方、首都であるパリのほうは、その範囲が大きく広がった、世界でもまれな例である。パリの面積は現在までに二倍となり、二〇の区で分割されることとなった。第二帝政時代、セーヌ県知事であったオスマン男爵によりパリは改造され、先ほど述べたようにパリを中心とした鉄道網が築かれることとなったのだ。

さて、一八八四年の法制定によって、フランスの政治制度は大きく変わることになる。コミューンの議会が直接選挙によって選ばれることになったのだ。それぞれのコミューンの役場に議会が置かれ、コミューンを取り仕切る首長はその中から選出される。こうしてコミューンは小さくても大きくても、田舎でも都会でも関係なく、同じ組織制度が敷かれることとなる。コミューンはそれぞれの首長、議会、そして学校などの施設を持ち、それぞれが独自の価値観を持っている。これらのコミューンが「自由・平等・博愛」を掲げるフランス共和国を構成する単位となったのだ。しかし、このコミューン制度には大きな問題があることも確かだ。コミューン議会の議員は全国で五五万人いるが、それぞれのコミューンの議員数と住民の数の割合に不均衡が生じている。しばしば、小さなコミューンでは、議員の数が多すぎるという問題が指摘される。統計を見てみよう。フランスの三万四九七〇のコミューンのうち[*22]、農村部[*23]にある二万八五八八個のコミューンを合わせるとその住民は一四五三万四六三七人となる（これはコミューン数全体の八〇パーセントに当たるが、人口数は全体の二二・七パーセントである[*24]）。その一方、都市部のコミューンでは小規模のコミューンでも人口三〇〇〇から二万でその数は三〇〇〇、人口二万から一〇万の中規模のコミューンは四〇〇ある。さらに大規模な都市を見てみると、四〇ほどのわずかなコミューンの人口が一〇万を超えているのである。[*25] 他の国を見てみると、ドイツはフランスよりも三分の一ほど人口が多いが二〇二〇年一月の時点で一万七九五の自治体で賄っており[*26]、イタリアはフランスと同程度の人口を抱えるが、七九〇四の自治体しかない。[*27] それに比べフランスではコミューンの数が多く、その規模もまちまちだ。これでは到底、地域間の均衡がとれているとは言えない状況である。

さて、規模がさまざまなコミューンが混在するフランスの特殊な事情を見てもらったが、フランスの都市と農村の関係を理解するためにはもう一つ、説明しなくてはならないことがある。それはフランスの抱える社会・経済的な事情である。産業革命や二度の世界大戦、二〇世紀初頭の世界的な石油採掘ブーム、一九七〇年代の高速道路建設計画や輸送経路の著しい発展、二〇世紀後半からのサービス産業の成長、これらの状況が重なった結果、都市は大きく発展していった。しかしその一方、農村地帯、特に小さなコミューンはその発展から取り残されることとなる。こうして国の中に都市を中心とした勢力構図が出来上がった。都市には多くの人が集まり、都市はいっそう大きくなっていったのである。その結果、フランスでは人口の八〇パーセントが国土の二〇パーセントに住むこととなる。つまり、フランスはわずかな面積の都市が国土全体を支配しているというバランスの乱れた状態なのである。

一方、農村部のコミューンやそこに住む人々の状況も変化している。もはや、「農村部」を社会的・地域的に定義する際、単純に「農業用地」であるとすることはできなくなっているのだ。現在、農業に携わっている人は労働人口の六パーセントにすぎない。国立統計経済研究所によれば、二〇一九年の国内総生産における農業の割合（農産加工分野も含む）は五・九パーセントである。ちなみに一九八〇年には約八パーセントであった。また、この五〇年間でフランス国土における農業用地の割合は二〇パーセント減少し、現在では五三・二パーセントとなっている。[*28] 農業用地の割合が減少した原因は、都市化が広がり、住居やインフラに用いられる土地が増えたことである。その面積は二五〇万ヘクタールに及んでいる。フランス農務省の土地利用調査システム（Truti-Lucas）のデータによれば、二〇〇六年から二〇一〇年の間に毎年、平均七万八〇〇〇ヘクタールが都市化しているとのことだ。[*29] 四年の間に都市化した面積は、フランスに一〇一個ある県の平均的な農地の面積に相当する。つまり、どこかの一つの県の農地がそっくりそのまま都市に変わってしまったようなものだ。また、農場の数は四分の一に減少している（ただ、農場一つ当たりの平均的な規模は逆に、四倍に増えている）。農業用地の減少は何もフランスに限ったことではなく、ここ数十年間、世界中で起こっている現象なのだ。また、国連食糧農業機関[*30]の二〇一三年の発表によれば労働人口に対する農業従事者の割合は一〇分の一に減少し、全体の二パーセント未満となっている。フランス農業社会共済[*31]の二〇一八年の発表によれば、一〇年前には五一万四〇〇〇だった農業経営者は四四万八五〇〇に減少している。つまり、一年間に一・五から二パーセントの割合で農業経営者が減少している計算となる。このように、もはや「農村部」という言葉を農業に結びつけることはできなくなっている。

農村部は、これまでと違った生産・消費方法、資源の循環方法を打ち立てるための希望を担った地域とも言える。都市と田舎との対立関係を解消できるかが今後の鍵となるのだ。これまで世界は利益を優先した経済活動によって支配されてきた。その結果、都市と農村は対立し、自然環境は破壊され、人々の健康も被害を受けてきたのである。そのような世界を変えるためには、都市と農村との新しい関係を築く必要がある。田舎での生活を見直し、私たちに残された資源を最大限に活用しながら、生産から消費までの過程を短くし、循環型経済を推進していくべきだ[*32]。

田舎生活を見直すということは、土地を大切にしながら人間の心情を考慮することであり、自然を守り、自分以外の他者を尊重することにもつながるだろう。今こそ、自然と人間の関係を見直すときだ。著名な生物学者であるエドワード・O・ウィルソンが著書『ハーフ・アース[*33]』で述べたような進歩的な意見に従うならば、土地を人間の手から自然の手に返す、「再野生化」をするべきなのだ。そして、農村との新しい関係を築くことで都市という場所も新しいものに変わっていかなくてはならない。生物学者のウィリアム・リンはこのように言っている。「人間（そして土地）の根本的な必要に答えるためには、街を変える必要がある。街を持続可能な場、人間が快適に暮らせる場にしていく必要がある[*34]」。

街と農村との新しい関係の構築のためには、新たな指標が必要だ。例えば、「都市における生物多様性指標（CBI）[*35]」というものがある。これは都市における生物多様性を測るための指標で、二〇一〇年に名古屋で行われた生物多様性条約第一〇回締約国会議や、二〇一五年に行われた各国の市長の会議から生まれた都市食料政策ミラノ協定[*36]の締結の際にも用いられている。都市食料政策ミラノ協定は現在、二〇〇の都市が参加し、食料の安定した確保、農地の保護、地産地消、食品ロスの防止を目的とした協定である[*37]。ミラノ協定に基づいた最近の会議は二〇一九年一〇月にモンペリエで開かれている[*38]。この席で、国連の一七の持続可能な開発目標を下敷きとしながら、新たな宣言が生まれた。これは「モンペリエ宣言[*39]」と呼ばれ「都市における食料政策のための行動の枠組み」として世界共通の指針となっている。

地域や農村の価値や魅力を高め、新たな取り組みが生まれる土台を作れるか、新しい生産・消費のサイクルを作ることができるか、地域や農村を活性化し近隣で用事を済ますことができる地域を作り上げることができるか、未来はそのことにかかっている。

フランスの将来のためには、地域同士の協力関係を築くことが必要だ。これまでの行き過ぎた都市の拡大で農村地域は衰退し、資源は枯渇している。これからは一つの中心にすべてを集めるのではなく、多中心化へ向けた政策を進めるべきだ。すべての地域を活性化させ、新しい経済モデルやエネルギーモデルを生み出し、土地やサービスの新たな活用方法を生み出していくべきなのだ。

ビックデータや人工知能などといった新しいテクノロジーを活用すれば、環境へ配慮した行動を促す新たな試みを生み出すことができるだろう。例えば、地域や地方での環境保全の取り組みに報酬を支払うシステムの可能性だ。循環型経済を発展させるために地域通貨と同じ技術を導入することもできるだろう。企業の契約締結やサービス提供といった際に、新しい取り組みでどれだけ二酸化炭素の排出を減らすことができたか、その量の算出に地域通貨の取引で用いられている技術が応用できる。こうして明らかにされた削減量に応じて、「ボーナス」を払うのだ。こうすれば二酸化炭素の排出削減のための挑戦が増えていくことになるだろう。また、農村部における新しい経済の確立には、膨大なデータの活用が必須となる。上手にデータを用いれば、農村における経済が国全体にとって有意義なものとなるだろう。もちろんこの取り組みは、「公共」にとって役立つものとなることが前提となる。このように、これからは大都市以外へも目を向けた改革が必要となる。これからは新しい都市と地域の関係性＝「都市・地域の枠組み」が求められる。大都市だけではなく、農村部と中規模の都市にも注目しなくてはならない。この二つの存在が過度な大都市化の弊害に苦しむフランスを救う大きな鍵となる。このように、都市と農村とは対立するものではなく、お互いに足りないものを補い合う存在なのである。

農村地域の環境保全を目指す地域環境工学の分野で「都市・地域の枠組み」[*40]の再検討が進められている。具体的には、農村地域で近接性を追求するということだ。前章でも述べたように、人口密度が低い地域には、「15分都市」ではなく、「三〇分の地域」という理想が適当だ。この理想の下、基本的な社会機能を住民の近くへ置き、必要な際にすぐにアクセスできるようにする。こうして、住居、仕事、必要なものの入手、健康、教育、自分の可能性を広げる、という生活にとって大切な要件を満たすことで、平穏な生活が実現できる。「三〇分の地域」の理想の中心には二つの主題がある。循環型の生活、そして「充実した社会生活」だ。理想の実現には、地域の統治形態を見直すことも必要だ。地域が環境に配慮し、人々が落ち着ける場所となるには、現在のような一つの中心に力が集中した統治体制を解体する必要があるのだ。脱中心化した新たな意思決定の形が求められている。この理想は実現にはほど遠く、まだ可能性の段階である。しかし、私たちはたった今から、実現に向けて行動しなくてはならない。

第 8 章

ユビキタスな街へ

21世紀のテクノロジー、
いたるところに接続する都市

都市におけるテクノロジーについて考える際、二人の偉大な人物について触れないわけにはいかない。私はその二人の影響を深く受け、科学についての考え方を作り上げたのだった。一人目はパトリック・ゲデス、一八五四年スコットランドに生まれ、一九三二年モンペリエで亡くなった生物学者だ。もう一人は地理学者のエリゼ・ルクリュ、一八三〇年フランスのサント＝フォア＝ラ＝グランドに生まれ、一九〇五年ベルギーで没している。[*1]

まずはパトリック・ゲデスについて紹介しよう。彼は非常に先見的な学者で、技術を論じる際に用いられる用語〔旧技術（産業革命時代の自然資源や労働力を濫用していた時代の技術）[*2]、新技術（自然環境に配慮した技術）[*3]、生命の技術（生命力に満ちた発想、生物の可能性を開く技術）[*4]、大地の技術（大地と調和する技術）[*5]、思考する機械といった言葉や都市計画の分野で用いられる概念（集合都市、メガロポリス）、社会学の概念（テクノドラマ、人間を取り巻く技術的な舞台環境）〕などは、汲み尽くせない可能性を持った彼の著作から生まれたものだ。また都市や地域のエコロジーを考える基礎を作ったのも彼だ〔バイオリージョナリズム（自然と人間の関係を重視し、地域の自然を生かした生活を目指すありかた）、エコシステム、共生、生命の地図、教育農園[*6]など、さまざまな試みを提案している〕。「地球規模で考え、地域規模で行動する」という広く浸透している標語も、彼が提唱したものだ。彼の生み出した都市計画は正しい社会の実現と深く結びついている。都市の住民が環境の保護や改善、維持に積極的に参加する街づくりを理想としているのだ。また彼は消費文化によって荒廃した都市＝「ティラノポリス（専制都市）」に対抗するものとして、「デモポリス（民衆都市）」という理想を提唱している。デモポリスは与えられた資源のことを深く知り、活用する都市だ。それだけではなく、この都市は首長をトップとして自らを統制する体制を備えている。資源から最大限の経済的利益を得るためだけではなく、利益を超えた価値を持つ倫理や精神的価値を重視する都市なのである。

彼の研究はさまざまな分野の知識に基づいており、好奇心の赴くままに幅広い射程を持って書かれている。それだけではなく、彼の研究は経験に裏打ちされた実践的なものでもある。彼は「手、心、頭」の三つをともに重視している。彼の弟子であり、彼の仕事を引き継ぎ発展させたルイス・マンフォードはゲデスについてこのように言っている。「ゲデスは科学的な知識と幅広い思想を持ち合わせている。エコロジー（生態学）が生物学における一分野として認められていない時代であったにも関わらず、彼はエコロジー学者としての研究を行っていたのだ。

……彼は都市計画という分野の革新者であるが、エコロジー学者としての仕事がより大きな意味を持っているだろう。粘り強い研究によって、都市と生物、都市と社会がどのような歴史を歩み、どのような関係を持っているかを明らかにしたのである」[*7]。ゲデスはまた、一貫した平和主義者でもあった。晩年はインドに滞在し、ボンベイ大学にて社会学と文明論の教授となるだけではなく、ヴィシュヴァ＝バーラティ大学の教授にもなっている。このヴィシュヴァ＝バーラティ大学はヨーロッパ人以外として初めてノーベル文学賞を受賞したラビンドラナート・タゴールによって人類全体の利益のために設立された大学である[*8]。この経緯からも、ゲデスの思想の一端がうかがわれるだろう。

今度はエリゼ・ルクリュについて紹介しよう。博物学者アレクサンダー・フンボルト[*9]の「世界市民」の理想を受け継ぎながら、幅広い功績を残した人物だ。多言語を操る知識人であり、実践的な思想を持つ思想家であり、フェミニストであり、世界初の社会主義革命政権となった一八七一年のパリ・コミューンの参加者であり、常に不正に対して立ち向かい、数多くの著作を残した人であった。『地球』、そして壮大な『新世界地理』や『人間と地球』といった著作において、彼は人間の生活と歴史、自然との関わり合いを探求し、近代地理学の基礎を築いた。彼にとって地理学とは、資源の情報のみを重視した地図に基づく従来の地理学とは全く違うものであった。エコロジーの先駆者として、「自然の感情」を読み取り、場所や風景とのつながりといったことに注目しながら研究を進めていったのである。また、フィールドワークを重視し、生態系や生活の場、自然、人間、資源といったさまざまな要素の深い分析の必要性を訴えている。こうして彼は独自の美学を持ち世界の美しさへの感受性に満ちた数々の著作を残したのである。彼の書いた本は人類の歩み、人類の挑戦や探求の歴史を反映した、壮大なスケールを持った地理学的大作となっている。また、彼はそれまでの世界地図を否定して新しい形の地図、「球形」の地図というものも生み出してもいる。科学に関する深い関心を示す一方、すべての分野にわたった教育者といった面もあり、正義や自由を信奉した人でもあった。ルクリュは大学組織に対しても自分の自由を守りとおした。彼については、こんなエピソードがある。アナーキストでもあったルクリュはブリュッセル自由大学から講座の実施を拒否された。しかし、大学側の態度に反対する教員たちが立ち上がり、彼の講義を実現させるために新しい大学、ブリュッセル新大学が設立されることとなる。そして彼の講義には千人を超える人々が出席したのであった。ルクリュは先に紹介したパトリック・ゲデスの思想と非常に深いつながりを持っている。ルクリュとゲデスは普遍的な視野を持つとともに、行動力も持った思想家であり、同時に教育者でもあり、幅広い分野にまたがった科学者でもあった。二人とも地理学、社会学、都市計画、環境学などを通じて、地域と地球とのつながりを重視したのである。

大きなスケールを持つ著作を残したパトリック・ゲデスとエリゼ・ルクリュは今、その価値が見直されてはじめた思想家である。私にとっても二人の存在は、たえざる発想の源泉となっている。

ここで私自身のことも書いておこう。もともと私は数理科学、情報科学、人工システムやロボット工学についての研究を行っていた。その後、エスノメトロジー（社会を構成する人々の行動を明らかにする学問）や複雑系の科学など、幅広い学問分野に関心を抱くようになり、ついには都市というものに強く惹かれることとなった。こうして私は、都市の持つ変化に適応する力、都市の抱える危険性（自然に由来する危険やテクノロジーに由来する危険）などといった問題に取り組むこととなったのである。

都市は予測のつかない脅威にさらされている。ならば、それらの脅威への備えこそが必要となる。私はアラートボックスというものを開発している。これは、公害や放射能などの危険を知らせるボックスだ。[*10] 危険性の高い地域の住民宅に無料で設置されるものである。「Plug&View」というプラットフォーム（フランスにおける都市インフラ管理デジタルプラットフォーム。このプラットフォームは世界で最も早く導入されたものの一つである）[*11] に接続され、公害などの危険性を住民たちに知らせている。この試みは二〇一〇年代に、数々の賞を受賞している。この試みを通じて、私は都市の機能にはそれを使う人々の理解こそが最も大切なことであると気づくことができたのである。私はこれまで、大学での研究を進めながら、二〇〇五年にはアプリケーション管理のためのシステムを開発し国際特許を出願している。[*12] このような研究を通じて、科学の進歩に寄与できたと考えている。しかし、重要なことは、テクノロジーのみを重視した個々の研究を積み重ねることではない。使いやすさや簡単さ、インタラクティブ性を持ったテクノロジーを生み出すことが大切だ。それぞれの人に寄り添った技術、すべての人々を受け入れる社会の実現に貢献する技術こそが最も求められているのである。

都市の世紀とは、ユビキタスの世紀をも意味する。都市が世界の主要な富を生み出す世界は、大量のデータがリアルタイムに生産・消費される世界でもある。しかし、すべてのものが接続する世界にあって、人間は高い技術の恩恵を享受しながら、社会から隔絶され、自分の殻に閉じこもった実体を失った存在になりかねない。人々が孤立しないためには、超近接性（充実した近隣の範囲）を作り上げることが重要だ。地域での社会的なつながりを確立し、人間に優しい都市生活を生み出す必要がある。社会的な絆を深めるための道具としてテクノロジーを活用することこそが大切だ。

テクノロジーの進歩とはデジタル技術の進歩だけを言うのではなく、その範囲はずっと広い。テクノロジーの問題とは、同時にエネルギー問題であり、循環型経済の実現のためのゴミ処理に関する問題であり、健康のためのバイオテクノロジーの問題、そして将来はナノテクノロジーによって生み出される新素材によって生じる変化も問題ともなるだろう。だがもちろん、デジタルテクノロジーの発展により、都市の経済が大きな変化を経験したこともまた確かである。特にユビキタスの浸透によってさまざまなものが接続されたことと大量のデータが提供されたことは大きな事件だ。ただし、重要なのはデータそのものではなく、高度なテクノロジーを持ったものが増えたことでもない。注目すべきはテクノロジーが社会に与える影響だ。デジタル化された文化や「ソーシャル・データ（ソーシャルメディア内のデータ）」などが世界を席巻し、都市の共同体を形作る新しい要素となっていることに目を向けなくてはならない。

二一世紀における「物」は三つの要素から成り立っている。技術、社会、そして物を使用する方法である。技術の進歩が社会を変え、技術を上手に活用することによって、理想の社会が生まれる。そして今、物質的世界、人々の社会的関係、デジタルの世界は絡み合いながら、日常生活に新しい、そして強力な可能性をもたらすこととなった。そんな中、都市の生活も大きく変わっている。デジタル技術によって人々は物質の限界を超えることができ、新しい社会的な関係を作ることとなった。オープンデータやデジタルマッピング、位置情報の取得、サービスの共同制作など、さまざまな技術の融合が日々、進められている。興味深いのは多くのデータに人々がアクセスできることだけではない。それらのデータがまた新しい情報を生み出すことである。データは新しい情報を生み出し、その情報がまた新たなサービスを生み出す原動力となる。このようにして、オンデマンド式の交通、カーシェアリング、移動手段の多様化、分散型エネルギーなどが次々と生まれていく。それだけではない。都市に住む人々の共有財産の保護、交流を深めるための公共スペースの設置、それぞれの人の事情に合った公共医療サービスの提供、高齢者・超高齢者の生活の質の向上、ネットを利用した多数向けの教育、文化や芸術、趣味のための場所の設置、開かれた統治形態による住民参加型の民主主義、共同で仕事をするための情報システムの確立なども可能となる。これらは単なる一例にすぎない。未来の都市が活気あふれる場所となるための新しい試みが生まれているのである。

テクノロジーの進歩について単純に賛成か反対かの二者択一を迫ることにあまり意味はないだろう。テクノロジーとは良薬にもなり毒にもなる「ファルマコン（毒と薬の両方を意味するギリシャ語）」である。哲学者の故ベルナール・スティグレールも言うように、デジタル技術を管理し、人間にとって有益なものとすることが必要だ。新型コロナウイルスの流行という危機を迎えている今、これまでの発展モデルには限界が見えはじめている。そんな状況の中、街が正しいデジタル技術を正しく活用すれば、新しい形の経済モデルや発展のモデルの確立が可能となり、それ以上にさまざまなことができるようになるだろう。

テクノロジーの有効活用の例を挙げよう。「シビックテック（市民＋テクノロジー）」という考え方がある。テクノロジーを活用した市民による問題解決という意味だ。「シビックテック」

は今日、大きな可能性を持った概念となっている。テクノロジーを正しく使えば人々の社会的な関係を強化し、それぞれの人の交流を促進したり、新しい形の民主主義を確立したりといったことできる。現代において、民主主義は危機に瀕している。選挙を通過し、国民の委任状を得た一部の人間たちだけの専有物となってしまっているのだ。いったん当選してしまえば、その政治家に市民の目は届かない。一方、「シビックテック」の考え方を採用すれば、市民がもっと積極的に政治に参加することができる。テクノロジーを活用することで政治家に説明を求めたり、市民が予算編成に関与したり、政策の決定に参加したりといったことが可能となる。そうなれば市民の意見が政治の場により反映され、街はより市民に近いものとなるだろう。「シビックテック」で民主主義は変わる。私たちの街は、市民参加型の社会へ、そして、循環型経済へ向かっていかなくてはならない。それだけではない。都市の中での農業が発展すること、人々の関係が深まる場所へと都市が変貌すること、社会的格差の是正なども必要だ。これらのことを達成するためにも、公共の利益を重視した市民のためのテクノロジーが大きな鍵を握っているのである。

デジタル技術は、未来に向けた都市の挑戦にとって決定的な役割を持っている。人々の共有の財産を守るため、都市は変わらなくてはならない。その変化にとって必要なのがデジタル技術だ。ここでエリノア・オストロムの考えを紹介しよう。彼女は二〇〇九年に女性として初のノーベル経済学賞を受賞した経済学者である。オストルムは都市の共有物への意識こそが民主主義を追求するための力となり、市民が自らの街を愛し、都市の活動に関わっていくための原動力となると考えた。都市の共有物とは、空気、水、光害のない夜空などである。それだけではなく、生物多様性、公共スペース、データ、生活規則、管理体制、意思決定のシステムなども共有物と言えるだろう。これら共有物は私たちの生活の質を高めるのに欠かせないものだ。私たちは自らが積極的に政治に関わり、ともに行動することによりそれら共有物を守っていかねばならない。共有物を強者の論理や歯止めのない商業主義などから保護しなくてはならない。街はすべての人々が共有物の恩恵にあずかれるような場所、人々が深くつながる場所でなければならない。そのような街の実現のために経済、エコロジー、社会の面で新たな試みが求められている。これからは、個人の利益を超えた共通の利益を守ること、そして公共サービスの質を高めていくこと、これらが都市の目的となっていく。

「都市における共通物を守る」という意識を持つことには、さまざまな利点がある。

●利益優先の商業の論理から都市を守ることができる。エアビーアンドビー、ウーバー、アマゾンなど商業主義に偏ったプラットフォームは、私たちの生活に悪影響を及ぼしている。共有資源への意識を深めることで、そのようなプラットフォームに対して規制をかけることも可能になるだろう。また、共有の土地を守るという意識を持つことで、地主による利益重視の土地投機に歯止めをかけることができるだろう。

●公共サービスを守ることができる。公権力は公共サービスの維持には欠かせない。問題は、その公権力に市民の意思を反映させることだ。都市の運営のありかたを刷新することで、都市のすべての意思決定に市民が参加できるようになる。

●都市の意見を尊重する世界が生まれる。都市の影響力が国家の影響力よりも強くなっている今、都市の行動や決定が重視される必要がある。都市の共有物への意識が高まれば、都市の一致した意思表示が可能になり、新しい形の民主主義が生まれ、街や地方の声が世界に届くことになる。

●民間企業と都市との新たな関係性が作られる。その際に前提となるのが、過度な商業主義の阻止、公共の利益の保護、市民に与えられるサービスの質の確保などだ。[*13]

都市というものは、新しいアイディアを実地で確かめることのできる特殊な実験場である。先に紹介したコロンビアのメデジンはその実験が成功した興味深い例である。私はメデジンの元市長であり、メデジンの再生を実現して都市の力強さを証明した人物であるアニバル・ガビリア（現在は都市の貧困と戦い持続可能な開発を目指す都市間パートナーシップであるシティ・アライアンス[*14]の議長を務めている）との意見交換の機会に恵まれた。メデジンの街の変貌は、確固とした方針で行動したコロンビア政府との協力、民間企業や学界、社会組織からの後押し、市民参加の粘り強い活動など、さまざまな助けがあって初めて実現したことである。そう彼は話している。メデジンが二〇一三年にウォールストリートジャーナル、シティグループ、アーバン・ランド・インスティチュートから「世界で最も革新的な街」に選出されたのも当然のことだろう。メデジンは他にも二〇一六年にシンガポールにて、都市のノーベル賞とも言われるリー・クアンユー世界都市賞をも受賞している。地下鉄、メトロケーブル、連結バス、路面電車といった公共交通インフラの整備、緑の回廊ガーデン計画、連結居住ユニットと呼ばれる住居の設置、その他インフラの拡充、文化施設、スポーツ施設、協会や団体のための施設の設置など、都市の中で特に危機に見舞われていた場所に社会的な活動の場を設けていった。それらの活動が、犯罪率の大幅な減少の決定的な要因ともなっている。これら新しい試みの数々が都市の変化を促し、正義や平等の確立、暴力の廃絶に向けた戦いを導いていったのである。この街は、すべての人を受け入れる社会の確立、都市の新しい魅力の発見、テクノロジーの活用といったことに成功した。メデジンが都市の変革の好例を示すことができたことを誇りに思う、とアニバル・ガビリアは語っていた。

私たちの未来はさらにテクノロジーが発展していくのだろうか。すでに5G（第五世代移動通信システム）が登場し、デジタル技術を活用したサービスに新たな展開をもたらそうとしている。高速での通信技術は、人々を技術の奴隷にしてしまうのだろうか、環境汚染の元凶となってしまうのだろうか、それとも、生活の質を向上させるチャンスとなるのだろうか。５Ｇの能力は、現行のデータ通信の一〇〇倍の速度とされており、たった数秒で三〇本ほどの映画をダウンロードできる。また、そのデータの信頼性は九九・九九パーセントという水準である。５Ｇによって大きな可能性が開けるのだろうか。さまざまな物がつながるモノのインターネットは新しい段階に入ることになるのだろうか。デジタル技術を用いたシミュレーション、仮想現実、拡張現実といった可能性が広がり、物やユーザーたちのネットワークはこれまでにないほど多様になっていくのだろうか。それとも、私たちの生活は新しいテクノロジーによって大きく変わり、その恩恵とともに支払う代償は大きくなってしまうのだろうか。

高速であらゆるものが接続する時代に、都市にとって優先すべきは何なのか、都市の向かうべき方向はどこなのだろうか。５Ｇをめぐる議論は、そのことを考える格好の機会となると私は思う。新機軸のテクノロジーをどのように役立てれば環境保護への道を進むことができるか、どうしたら暮らしやすい都市、活力あふれる都市、持続可能な都市、危機に対する強靭性を持つ都市の実現ができるのか、そのことを検討していかなければならない。もちろん、テクノロジーの濫用は慎まなくてはならない。その上で、これまでにない機能やサービスを利用すれば、新しい生活への可能性が開けることになるだろう。

今度は、デジタル技術と公共の利益について考えてみよう。グーグル、アップル、フェイスブック、ウーバー、エアビーアントビー、アマゾン、アリババなどといった企業が爆発的な成功を収めた要因は、それらの企業がさまざまなデータを上手く利用したことだ。これらの企業は、データを人々の利用しやすいような単純な形に変換し、そのデータを「社会に役立つ」と宣伝しながら、多様化したプラットフォームからサービスを提供する。その結果、私たちの生活は大きく変質した。しかし、社会はよりよくなるどころか、街はGafam（グーグル、アップル、フェイスブック、マイクロソフト）[*15]やBatxi（バイドゥ、アリババ、テンセント、シャオミ）[*16]といった企業が争う場と化してしまった。これらの企業は、人々がサービスを共有し合う「共有経済」を推進すると称しながら、実際は大量に送り出すデータで人々の生活の質を大きく悪化させ、人々から生きる実感を奪っている。これら企業の犠牲者は街であり、都市生活であり、そして、地域や国で生きる人々である。

デジタルの世界では、私たちの人権は脅かされ、日々、個人データが抜き取られている。また、これらの国際企業が海外からサービスを提供することで、国内の経済的・社会的活力は失われていく。実際、フランスはデジタルサービスの創出という競争に敗れているという明らかな事実がある。フェイスブックやアップル、エアビーアンドビー、ウーバー、アマゾン、ネットフリックス、アリババ、シャオミといった海外のデジタルサービス界の巨大企業がテクノロジーの舞台で争い、これら企業の生み出すサービスは私たちの経済を転換させている。フランスはそんなテクノロジーの発展に取り残されているのである。さらにフランスは数学やアルゴリズム、デジタルデザインの分野でも力を発揮できないでいる。この国はこの世界的な争いの無力な傍観者となっているのだ。現代において、テクノロジーは私たちの生活を支配している。しかし、このままではいけない。テクノロジーに支配されるのではなく、私たちのほうがテクノロジーを支配すべきなのだ。これからは本当に必要なサービスを見極め、サービスを正しくデザインしていくことが必要だ。サービスのデザインという課題を達成できれば、テクノロジーに支配され、生活が蝕まれている現状を脱し、私たちの手にテクノロジーを取り戻すことができるだろう。

次に、デジタル技術と私たちの人権について考えてみよう。現代の都市にとって、地域に関するデータは大きな力を持っている。問題は、デジタルにおける私たちの人権を守る形でその地域のデータを利用することだ。行政の場面において、デジタル技術によって得られた地域のデータを活用すれば、その地域に住む人々と政策決定者との間の対話が生まれ、政策決定のあらゆる段階で住民たちの意見を取り入れることができる。[*17] 例えば、人々のニーズの動きと資源の状況をデータという形で視覚化できれば、公共団体、サービスの提供者、地域整備の担当者、そして住民たちが状況を判断したり、シミュレーションを行ったり、政策決定に参加したりする際に、大きな助けとなるだろう。大切なのは、データを正しく用いることだ。[*18]

反対にデジタル技術活用の失敗例を示そう。人権を軽視したことにより失敗に終わった例である。カナダのトロント、オンタリオ湖の沿岸において、グーグルの兄弟会社であるサイドウォークの傘下のサイドウォークラボという企業が、壮大なスマートシティ計画を打ち立てた。この計画は「キーサイド」構想と呼ばれている。しかし、計画は失敗に終わった。その失敗の原因は、個人情報の大幅な収集に対する人々の大きな反発であった。この経緯を見れば、大量のデータ収集はコントロールを失う危険性と隣り合わせで、正しいデータの管理や、民主主義を優先したデータの使い方への意識がいかに重要であるかということが分かるだろう。物理的空間を覆う多様なデジタル技術の扱いがこれからの都市にとっては死活問題となる。キーサイド構想では都市の公共の場を民間企業が管理することが想定されていた。しかしこれでは都市の発展に寄与するどころか、デジタル技術の暴走を生み出しかねない。構想では、「データの匿名化」が約束されたが、テクノロジーを悪用すればユーザーの個人情報を特定できてしまうし、大量の個人情報が日々収集されていることに変わりはない。こうして、デジタル技術を用いた人権侵害や住民の位置情報の取得などといったことへの反発から、サイドウォークに反対する「ブロックサイドウォーク」という名の市民運動が持ち上がった。[*19] この運動の主張はこうだ。「キーサイドによってグーグルは、歩道や道路のところどころや、本来ならば公的権力に属するはずの場所を金融市場のための場所に変えてしまう」。ブロックサイドウォークの主張は多くの支持を獲得し、Gafam の一つが推進した初めての計画は中止されることとなったのである。

ユビキタスが未来に大きく貢献する領域、それはそれぞれの地域のデータの取得である。地域のデータこそが将来、都市が生まれ変わるための最も重要な道具となる。

そして都市が優先すべきは、公共性である。都市の豊かさはインフラがどれほど機能しているか、公共のための政策がどれだけ有効であるか、という基準から評価されるべきなのだ。将来のデジタル技術はまず、社会に役立つサービスをどれほど提供できるかが重要となる（遠隔医療、eサービス、地域メディアへのアクセス、eリザベーション、教育、訓練、生産・消費サイクルの短縮など）。ユビキタスを適切に利用すれば、15分都市や三〇分の地域という理想に近づき、近隣社会が再び活気を取り戻すことができる。人々が自分の住む場所の近くで必要な社会的サービスを受けることができるし、現行のインフラを多様な形で活用する手助けにもなるだろう。

デジタル技術を活用し、人々の社会的・経済的・文化的な交流を深め、都市の中のさまざまな機能を混ぜ合わせることが今後の課題となる。データを集約するデジタルプラットフォームを上手く使えば、その土地に必要なことが把握でき、近隣の範囲に適切なサービス提供を行うことができるだろう。これが、人間の権利を尊重したデジタル技術の活用方法だ。デジタル技術を用い、人々の生活の質の向上や社会的関係の強化を第一に考えた土地の活用方法を見つけ出すのである。デジタル技術は、問題の可視化や現状の把握、シミュレーションなどを通じて将来の都市や地域にとって有効な土地利用法を見つけ出すために使うべきなのだ。住民が直接受けるサービス、デジタルを通じて受けるサービスの両面において、都市が多様な機能を持つことが理想の姿である。

人の幸福につながる要素は大きく三つある。その三つの要素の質を最大限に高めていくことが都市の役目である。

- 個人的要素。住民個人やその家族、近親者との関係（この要素を満たすためには自由な時間を増やすことが必要となる）。
- 社会的要素。近所の人々や同僚との関係（社会的な絆を深める機会を増やし、対立を和らげることが必要である）。
- 地球と人との関係。すべての人を受け入れる世界、持続可能な世界（他者の尊重、自然や資源の保護が必要である）。

その幸福の実現のためにも、特に変わらなくてはならないのが移動である。移動に必要な時間が大幅に短縮されれば、人生の時間を有効に使うことができるだろうし、人々との関係も深められ、社会的にも有意義な時間を持つことができる。人々の社会生活がどれほど充実するかということは、国内と世界、どちらの視点にとっても、発展の方向性を定める際の大きな指針となるだろう。

デジタル技術を活用すれば近隣で必要なサービスを受けられる都市が可能となる。徒歩や自転車（もしくは二酸化炭素の排出を抑えた移動手段）を使い、一五分の移動時間で必要な要件を済ますことができる街が理想の姿である。

それでは「必要な要件」とは何なのか、その基本的なものは六個ある。
●住むこと。都市が行うべきは、住みよい場所に適正な価格で住居を提供することである。
●働くこと。それぞれの地区でさまざまな職種の人々を受け入れる。安定した雇用を実現する。
●必要なものの入手。食料品店や商店の適切な配置。
●健康であること。人々の能力やニーズに応じたスポーツ活動や健康に向けたサービスの提供。
●学ぶこと。多様性を認めた学校教育の推進。すべての年代に向け学びの場を提供すること。
●自分の可能性を広げること。趣味の時間や文化活動の推進。人々が出会い交流できる公共の場や息抜きができる場所、植物に触れることのできる場所を作ること。

地域に関するデータは都市生活を再生させたり、都市全体を活性化させてその都市の価値を高めたりする際の強力な道具となる。データを見れば、簡単にそれぞれの土地の特徴を知ることができるし、住民に提供されているさまざまな都市機能の配置状況を可視化することもできるからだ。

データを用いればそれぞれの地域に足りないものが何なのかもはっきりと分かるようになる。都市の首長はそれらのデータを用いて、住民のニーズを把握し、都市をどのように変えていくかといった長期的な展望を立てることができるだろう。地域についてのデータを位置情報と組み合わせることで、都市が提供するもの（資源、インフラ、サービス、機能）を関連付けて管理することができる。そうすれば都市の機能を改善したり、これから起こる変化を予測して対処したりすることも可能になる。地域に関するデータは日々変化する都市の姿を把握するための指標となる。データは単なる状況把握の道具であるだけではない。データを活用すれば、住民のニーズやその土地に必要なことを見極めたサービスの提供ができるのだ。また、データを上手く活用すれば人や自然との調和のとれた発展の方法を見つけることもできるだろう。

今、企業が提供する利益を優先したプラットフォームが、私たちの生活を大きく蝕んでいる。その威力に対する防衛となるべき存在こそが、都市なのである。街の首長が先頭に立って、それらのプラットフォームが人々に悪影響を与えないように規制をかける必要がある。大切なのは、サービスをデザインすることだ。テクノロジーに支配されたサービスを見直し、利用者のことを第一に考えたサービスの形を作り上げることである。サービスのデザインの一例を紹介しよう。パリでは「ヴェリブ」と呼ばれる市の提供する自転車貸し出しサービスが大成功を収めているが、この成功の要因は、自転車による移動を推進するというコンセプトとデジタル技術を利用したサービスの効率化とを上手く組み合わせたことである。

社会学者リチャード・セネットは「ホモ・ファーベル（作る人）」を題材とした大変興味深い三部作[*20]を世に問うているが、その一冊において、その先見性を発揮しながら、「都市の倫理」を確立する必要性を訴えている。[*21]また、都市の倫理を確立するためには街に住む人々が「有能な都市生活者」としての意識を持つことが必要であるという。その倫理の行きつく先には、一つの理想がある。その理想への道は遠く、困難なものであるが世界にとって必要な理想だ。その理想とは、「開放」することである。思想を開放すること、個人、サービスを受ける人々、都市に関わるすべての人々の行動や心を開放することだ。それだけではない。建築や建物の形態を開かれたものにすること、そして住民の日常生活を支える都市空間といったものをも開放することである。リチャード・セネットは都市の外面と内面、両面にわたる倫理が大切だと言う。都市の倫理こそがすべての人を受け入れる社会を作り上げ、都市の再生を可能にする。都市の中で健全な社会を築くには、他者の存在や外部の要素を積極的に受け入れる必要がある。そうすれば、人々は先入観から自由な視点を持つことができるだろう。

デジタル技術を役立て、革新的なアイディアや新しい変化を生み出すためにはサービスをデザインすることが必要だ。都市はサービスのデザインが生まれる場所となる。また、サービスのデザインは一つの分野だけで可能になるものではない。都市の中でさまざまな分野が融合することで、サービスのデザインが生まれる力となる。新しい発想はテクノロジーだけでは生まれない。すべての人を受け入れる社会の実現には社会学者の取り組みだけでは足りない。都市に必要なのは物のデザインだけではなく、サービスをデザインすることなのだ。サービスのデザインはクリエーターや人文科学の専門家、認知科学の専門家（その他、社会学者、経済学者、人類学者など）、デジタル技術の専門家などの協力で生まれる。サービスのデザインによって生まれるサービスはこれまでのものとは、大きく違ったものとなるだろう。これまでのサービスは、公的な権力や民間の組織（団体、ブランド、企業など）が「上から」提供するものであった。しかし、サービスのデザインから生まれる新しいデザインや機能は、利用者を出発点とするもの、利用者のニーズや経験から生み出されるものとなる。

都市のためにサービスをデザインするという発想と公共のためのサービスという理想を組み合わせることで、実験的な試みが次々と生み出されることになるだろう。その実験の規模は大きい。だからこそ都市間の連携、さまざまな立場のデザイナーの参加、デジタル技術の研究機関、人間科学や認知科学の研究機関などのあらゆる分野の連携が必要なのだ。

未来の都市には、分野間の壁を取り払い、あらゆる種類の研究を組み合わせて現状を変えることこそが必要だ。テクノロジーを有効活用することで都市が再生し、人々の社会的な絆が深まる、そんな未来の到来を私は待ち望んでいる。

結　論

新型コロナウイルスとともに生きる現在、未来はどうなるのか

新型コロナウイルスは私たちの生活を根本から揺り動かした。中国で発生が確認されて以降、ロックダウンによって世界人口の半数もの人々の生活が制限を受けたのである。ウイルスの流行は今後、どのような展開を迎えるか予想がつかず、その影響は計り知れない。何十億もの人々の生活がコロナウイルスによって一変したのだ。コロナウイルスへの警戒はいつまで続くのだろうか。地球上のあらゆる場所で、街から人の姿が消え、街道は閑散としてしまった。人が集まる場所は閉鎖されたり、規模が縮小されたりしている。街の動きは遅くなり、街の形も変わった。組織や機能の主要な部分、特に私たちの働き方や移動の方法はあっという間に変わっていった。

そして「コロナ以前の世界」と大きく変わった「コロナ後の世界」が多くのメディアで取り上げられている。コロナ以前の世界では自然環境は軽視され、化石燃料が際限なく使われ、大量生産・大量消費が続けられてきた。また、環境汚染や生物多様性の減少、都市の過密化といった危機への解決策としてテクノロジーのみに頼るような態度が横行していた。そんな考え方がコロナウイルスによって変化を遂げたのである。

しかし、「コロナ後の世界」とはどのようなものなのだろうか。そのことを考えるために、まずはコロナウイルスによって私たちは何を知ったのだろうかという問題を考えてみよう。コロナウイルスの蔓延によって、私たちは二〇一九年の終わりには誰も考えることもなかった都市の性質に目を向けることとなった。その性質とは、都市の複雑性である。ウイルスの蔓延の経緯は、この都市の持つ複雑さと深い関係がある。

私はこの本を、イタリアの作家、イタロ・カルヴィーノとその作品、『見えない都市』の紹介からはじめた。それには意味がある。ヨーロッパでコロナウイルスの流行がはじまったのが、イタリアなのだ。コロナウイルスはイタリア経済の中心地であり、ヨーロッパ全体でも有数の大きさを誇るロンバルディア州で最初に広がった。二〇一九年二月二八日、ロンバルディア州の街、コドーニョにおいて最初の患者が見つかったのである。コドーニョは大都市ミラノから六〇キロメートル離れた人口一五〇〇〇人ほどの小さな目立たない街、まさに「見えない都市」であった。皮肉なことにこの小さな街が「イタリアの武漢」としてパンデミックの震源地となってしまった。そしてこのコドーニョから二〇キロメートル離れた人口三〇〇〇人のもう一つの「見えない都市」、ヴォ・エウガネオにてイタリアでのコロナウイルスによる初の死亡者が確認された。私がこの本を書いている現在は、イタリア全土での死亡者三万五〇〇〇人のうち半数以上がロンバルディア州で確認されている。拡大を続けているコロナウイルスの被害を最も受けている場所の一つが、この州なのである。

ベルガモ大学地域研究センターは、コロナウイルスの蔓延という事態に関して大変重要な指摘をしている。コロナウイルスの発生自体は衛生学の分野に関係しているが、コロナウイルスの蔓延という現象は、都市や地域のありかたに関係した危機と捉えるべきであり、ウイルスはさまざまな要因によって拡大したと見るべきだというのだ。「最も重要なことは、この事態に関係する社会的な要因の幅広さを理解することだ」[*1]。ウイルスの震源地は小さな街であった。しかし、ウイルスがここまで広がった原因は、「現代社会における生活様式、つまり移動が多い都市特有の生活」にある。ロンバルディア州には一〇〇〇万人が住んでおり[*2]、その人口は州全体に散らばっている。しかし、ビジネスの面で見るならば、中心はミラノただ一つである。自宅からミラノにある仕事場への移動が毎日行われることが、ウイルスが急激に広がった大きな原因なのである。また、ベルガモ大学地域研究センターは、新型コロナウイルスの蔓延には都市の社会的・地域的な要因も関わっていると指摘している。そして、学校教育の現状（イタリアではインクルーシブ教育という、障害を持つ子どもと障害のない子どもがともに学ぶ教育方法が進められている）や通勤の現状、働き方などに関する多くのデータを用いながら、都市の動向をマップ化している。ここで用いられている方法は、スイス連邦工科大学ローザンヌ校のジャック・レヴィが提唱している方法で、アーバン・ネクサス・アプローチというものだ。[*3] さまざまな領域にわたる、複雑に絡み合った情報を比較検討しながら都市の状況を把握しようという方法である。[*4]

「○○後の世界」という言葉を用いると、予言的な、曖昧な結論に陥りがちだ。危機を乗り越えるにはどのような変化が必要か、その問題に本当の意味で答えを出すためには、危機の核心部分を見極めなくてはならない。それでは、危機の核心部分とは何か。それは、生産や消費のありかたや移動のありかたによって、都市や地域での生活リズムが狂ってしまっていることである。本当の意味で危機を乗り越えようとするならば、都市の生活のリズムを変えることである。都市のリズムか狂っているのは、仕事場と住居が離れており、多くの移動が必要になってしまっているからだ。その問題を解決するには、数多くの中心地を持つ生活空間を作ることだ。家からから職場へ、職場から家へ、「もっと早く、もっと遠く」と人を急かすような都市での生活では、時間を有効に活用するような余裕は得られない。移動は人々から時間を奪っていく。本来ならば、親しい人々と穏やかに過ごせるはずの時間が移動に奪われ、人々は疲弊する。時間を奪われた人々は心の余裕も失い、他者や自分とは異なる立場の人々を憎んだり、恐れたりすることとなってしまう。そんな都市の生活は根本から変わらなくてはならない。

新型コロナウイルスという危機は早急に対処しなければならないが、同時にウイルスの蔓延は、私たちの生活を変えるきっかけを与えるものでもある。変えるのは都市そのものというよりも、都市の中での生活といったほうが正しい。具体的には、近隣の範囲を再評価すること、つまり近場で提供できるサービスを最大限に発展させることだ。移動時間を短くすることで、時間の流れ方を変えるのである。徒歩や自転車、キックボードなど、体を使った移動＝アクティブ・モビリティを活用することで二酸化炭素の排出を抑えることができると同時に、「多様なサービスを提供する近隣」が育っていく。また、近隣を盛り上げるために、市民が街の活動に積極的に参加することも大切だ。近隣を大切にすれば、住むことや働くこと、必要なものを入手すること、治療を受けること、教育を受けること、自分の可能性を広げること、といった社会における基本的な必要を満たすための都市機能をすべての人が享受できるようになるだろう。[*5]近隣の活性化を通じ、すべての人々が家族とともに自分の幸福を手に入れ、近所の人々や仕事の同僚とよりよい関係を築きながら生きることができる。また近隣の範囲が活気づけば、持続可能な世界や、すべての人を受け入れる世界も実現できるだろう。

混迷する時代の中、都市の脱中心化こそがエコロジー意識を持った生き方や人間を大切にする生き方への道を開く。新しい街には新しい時間、有益で創造力にあふれた時間が流れるだろう。コロナウイルスという難局を乗り切った後にも、変革の歩みを止めてはならない。今の私たちは毎日職場へ、人によっては遠く離れた職場へと移動しなくてはならない。しかし、この移動は合理的な理由があってのものではない。現在の社会構造が強いる習慣に従っているだけだ。この習慣を変えることは、すべての街に可能なことである。方向性をしっかりと定めれば改革はすべての街で実行することができる。新型コロナウイルスへの対策としてロックダウンが行われる中、多くの企業はリモートワークへの移行を大急ぎで進めていった。このことからも分かるように、現在の仕事によって生まれている不都合、「長い距離の移動」は取り除くことは可能なのである。[*6] 確かに、ウイルス蔓延を防ぐ有効な手立てとして私たちは「ロックダウン」という方法しかとることができなかったため、人々の生活は停滞を余儀なくされ、経済的・社会的危機が引き起こされた。しかし、そのような状況の中で、「15分都市」や「三〇分の地域」は、人々の絆を取り戻し、人々の助け合う世界を再建するための理想として役立つ。この理想はよりよい生活を目指すための軸となるだろう。「15分都市」や「三〇分の地域」は都市の持つ脆弱性を補い、人々と地域との関係を深めるために有効なコンセプトとなるだろう。

一九九七年九月四日、ミラノで交通事故が発生した。その事故で一人の偉大な人物が命を落とした。アルド・ロッシ、偉大な建築家であるとともに、熱意を持って後進を育てた教育者でもあった人物だ。一九九〇年には輝かしい功績をたたえて世界的な賞であるプリツカー賞[*7]が贈られている。この本を終えるにあたって、彼について書いておきたい。彼はこう言っていた。「大きな災禍が起こったからといって、街の中に変化が生まれることはない。しかし、すでに人々が考えていた変化が促進されることにはなるだろう」、と。彼の考えが正しいことは、何度となく証明されている。特に、彼の生まれた街であり、新型コロナウイルスの被害をまともに受けたミラノで彼の言ったとおりのことが起きているのだ。

彼は都市の記憶と未来の間を行き来しながら、都市のアイデンティティを追求した。都市のアイデンティティこそが変化の鍵となると考えたからだ。彼はまた、機能主義的な立場を批判しながら、世界大戦後の建築をめぐる中心的な運動である「テンデンツァ」運動[*8]を指揮している。建築は都市という場所に深く根付いたものである、というのがその主張だ。そこから「タイポモルフォジー（都市の形態と建築の類型との関わりを明らかにする考え方）[*9]」を提唱し、都市と建築との関わりを重視した研究を行ったのである。「時間や空間に堆積したもの」によって建築が生まれていると彼は言う。歴史の中に都市の抱える矛盾や問題を解決する糸口、そして未来への可能性が見つかるというのだ。彼自身はその「分類」を認めてはいないようだが、彼こそがポストモダニズム建築の父である。また彼は一九六六年に『都市の建築』[*10]、一九九八年に『アルド・ロッシ自伝』を出版している。そして、『アルド・ロッシ自伝』にはこんな文章がある。「機能は時とともに変化する。これは宮殿や古代劇場、修道院、住宅といったさまざまな建物を研究してきた私が、都市や市民社会の歴史から導き出した科学的仮説である。『都市の建築』で昔の宮殿が複数の家族の住居になっている例や修道院が学校に変わった例、古代劇場がサッカー場に変わった例を紹介したが、常に念頭にあったのはこの考えだ。時の流れは、どんな建築家も、どんな優れた行政機関も起こすことができない変化を生み出すものなのだ[*11]」。「アルド・ロッシは学生たちに、都市の集合的な記憶に基づいた建築を通じて、都市の雑多な姿に秩序を与える方法を教えていった[*12]。緩やかで、いつでも後戻りできる形の都市計画、一時的な投資、人の手の限定的な介入……。彼の提唱したリサイクルの理論は、今こそ実践されるべきものだ。建築家でもあり理論家でもある彼は、この理論をもとに、感情を形にし、現在あるものと対話しながら、それをよりよいものに変化させてきた[*13]」。フランソワ・アルノー監督の映画、『アルド・ロッシの仮説』へのコメントの中で、アニック・スペイはこのように言っている[*14]。

集合的な記憶を大切にしながら、都市空間を人々の関係性を築く場や出会いの場に変えていくという、アルド・ロッシの理論は現代でも大きな示唆に富んでいる。この考えはつまり、都市の中にあるそれぞれの場所の特性を重視するということを意味する。それぞれの場所は独自の個性を持ちながら、都市の他の場所、他の機能と混ざり合っているのである。私たちの作ろうとしている都市はまさにそのような都市だ。新しい都市の中の歩行者は単なる歩行者ではなく、都市に生きる居住者でもあり、公共の領域を体現する存在でもある。新しい都市によって、男性も女性も、子どもも高齢者も本当の生き方を取り戻すことができるだろう。それぞれが思うままに都市空間を歩きながら、都市を自分のものとして生きるのだ。都市を自分の場として生きることが、街に活気を与える方法であり、街をより生き生きとした場所、より人間に寄り添った場所、すべての人を受け入れる場所に変える方法だ。作品を通じて「都市とは何か」と問いかけるイタロ・カルヴィーノに、今なら自信を持って答えることができるだろう。都市がどういう場所か、どういう場所に私たちは生きているか、新しい街でそのことをはっきりと知ることができる。都市こそが私たちに意味を与え、感覚や感情を与えてくれる。新しい都市で私たちは尊厳を取り戻し、幸福な生活を手にすることができるだろう。

パリは、あらゆる専門家が不可能だと言ったことを見事に実現した。二四時間体制で交通が途切れることがない大都市の根本的な改革である。これは一つの快挙であった。この快挙で最も重要なことは、大都市でも変わることができるということを全世界に示したことだ。専門家たちは皆そんなことはできないと考えていたが、現在の交通手段を他のさまざまな方法に置き換えることはできるのだ。

世界中のほとんどの大都市が自らの発展に伴う弊害に苦しんでいる。都市の専門家たちはその点についてはおおむね意見が一致している。しかし、その弊害を取り除くのは非常に厄介だ。都市を改革する場合、古い建物をいったん破壊して、同じ場所に新しい建物を建設するというのが一般的なやり方だろう。それが自分たちにできるただ一つのことであると、人々は考えているのだ。だが、それでは根本的な改革とはならない。

そんな中でパリは、大都市でも生まれ変わることができるということを身をもって証明してくれた。ただし、生まれ変わるためには、古い常識から決別しなければならない。「交通が途切れることのない大都市が、今までの交通に代わる他の手段を採用することなどできない」という先入観を捨てるのである。大都市で改革を行おうとする場合、最も極端な例は、日本のやり方である。日本では工事作業員が真夜中に道の補修を行ったり、新しい道路を建設したりしているのである。だが、他にも方法はあるはずだ。

エレクトロニクスが進歩した現代にあっても、都市計画の専門家たちは、パリで行われている改革のやり方を思いつくことはできなかった。偉大なパリ市長であるアンナ・イダルゴとその優秀なチームは、カルロス・モレノに支えられながら、改革が実現可能であることを証明して見せた。「Si, se puede（私たちならできる）」。取り組んでいる問題は違うが、ラテンアメリカの運動家たちもこのように言っているではないか。

パリの姿を見ると、何かを改革するということは、ときに大きな戦いを強いられるということに気づかされる。この戦いを進めるには、都市に住む人々に積極的に議論に参加してもらうことが欠かせない。パリのような大都市には、自分たちの住む地区を改善する方法に関して、多くの賛同を得られるようなアイディアを持った住民がきっといるはずだ。パリ市の責任者たちは、たとえその人が「専門家」でなくても、住民の声を聴く耳も持っている。そして、実際に住民の意見が聞き入れられた例は多いのだ。

パリの例からも明らかなように、専門家が見向きもしないような提案が、型にはまった選択肢よりもはるかに優れているという場合が実に多い、パリのような変身を遂げたければ、強い勇気を持たなくてはならない。そのことをしっかり心に刻んでおく必要がある。「交通が止まることのない大都市では、そんなことができるはずがない」。たとえ大多数の専門家がそう言ったとしても、パリの歴史的な大成功を記憶にとどめ、たとえ交通が止まることのない大都市であっても、変わることができるということ知っておくべきだ。

パリは他の大都市ができなかったことを成し遂げた。さながら街は、水や交通、保安、ゴミ、そして、エコロジーに配慮した建物やクリーンエネルギーなど、人々にとって必要なものを管理するテクノロジーのための生きた実験場のような存在だ。これらのテクノロジーをどのように設置するか、どのように実証し、テストするか。実験場として新しい役割を担った街は、これらのことに答えを出していくのである。

パリの変身は、アンヌ・イダルゴの勇気と、優れた改革者であるカルロス・モレノの協力によって成功した。パリの行ったことがいかに大きなことであったかは、他の多くの街がパリをお手本にし、パリの改革を受け継ごうとしていることからも分かるだろう。「15分都市」は、住民にとって役立つことを重視した上での組織モデルとなった。このモデルがこれまでの都市計画と大きく異なる点は、交通に関する問題だけに目を向けるのではなく、住民の望みを第一に考える点にあるのだ。

サスキア・サッセン
ニューヨーク、コロンビア大学

謝辞

私は世界中の街を旅するような気持ちで本書を書いた。また、本書は私の長年の研究生活の中で生まれた文章、会議、対話、談話などを総合するものであると言える。

作家のマルセル・プルーストはこのように書いている。「ただ一つの旅、ただ一つの若返りの方法は、新しい景色をいくつも見て回ることではない。新しい目を持つことなのだ[*1]」。この本の中には、私の物の見方、私が確かめこと、提案などが書かれている。しかし、それだけではない。この本には私の思い出、感情、経験したものごとが盛り込まれている。それらのすべてが私の人生を作り上げている。今まで私は、さまざまなものに情熱や興味を抱き、世界を回ってきた。そのどこまでが日常の人生で、どこからが研究者としての人生か、などと線引きできるものではない。

ここで本書の成立に貢献してくれた方々に感謝を述べたい。彼らの応援や協力、また彼らの存在がなければ、この本は生まれなかっただろう。まずは、ダヴィッド・デカンヴィル。彼とはインタビューで初めて会ったが、すぐに彼の教養深く、情熱的な性格に強く興味を引かれた。彼の街や地域を思う心、そして文章を書くことに向けられた情熱に共感を覚えたのだった。私にとっては常に刺激を与えてくれ、背中を押してくれる存在だ。本書の出版を勧めてくれたのも彼である。また彼はこの本の探求の仲間となり、熱心な協力者となってくれた。次に、クリスティーヌ・ドゥヴィルボワは校正者として精力的な仕事をしてくれ、ダヴィッドとともにときに適切なアドバイスをくれた。彼女にも感謝をささげたい。そして、大切な友人であるセルジュ・オルルはコルシカ島でお気に入りの場所に案内してくれた。そこではジェロームやクリストフといった素晴らしい仲間たちに囲まれ、静かで集中できる環境を得ることができた。ジャン・フランソワ、エルザ、ロランス、ジュヌヴィエーヴといった人たちの「エートス」グループは、いつも献身的に私を支えてくれた。また、ドミニク・アルバとはいつも、とても楽しく有益な話し合いをすることができた。マチルドとジュリエットにも感謝している。二人はこの本が出来上がっていくのを見守ってくれた。もちろん、オプセルヴァトワール出版の編集者、ミリュエル・ベイエとセヴリーヌ・クルトー、二人とともに仕事ができたことは大きな喜びだ。二人は教養、ヒューマニズム、親しみやすさなど、執筆者が信頼して仕事をともにするために必要なものをすべて持っていた。皆さん、本当にありがとう。

パリ市長アンヌ・イダルゴにもお礼の言葉をささげたい。彼女は、時代を先取りする目を持ち、先陣を切って行動する人である。私は勇気にあふれた彼女に深い共感を持っている。ともに都市を変えるためのアイディアを実行に移すことができたことを嬉しく思う。彼女をはじめ、ジョアンナ・ロラン、ジャン・ロットナー、フランソワ・レブサマンといった都市に関わる公人たちは、私の指針となり、インスピレーションを与えてくれる存在である。また、コロンビアではメデジンの元市長であり、私の友人であるアニバル・ガビリアと、彼の親しい協力者であり私の友人、優れた建築家でヒューマニストでもあるホルへ・ペレス・ハラミジョについても触れておきたい。彼らも私たちと同様、生命力あふれた都市への強い愛情を持っている。また、パリ第一パンテオン・ソルボンヌ大学ビジネススクール内のシンクタンクであるシェールETIでの同僚であり友人でもあるディディエ・シャボー、フロラン・プラトロン、カトリーヌ・ガルは常に忍耐力を持って私を支えてくれた。そして、ソルボンヌ大学ビジネススクール校長で友人のエリック・ラマルクにも感謝している。

お世話になった方々を挙げたらきりがない。しかし、私の研究の道を照らしてくれた知識人たちにお礼を言わなくては本書を終えることはできない。彼らと知り合えたことは幸運なことであった。まずはエドガール・モラン。もうすぐ百歳になる偉大な思想家で、複雑性という概念を探求している、幅広い射程を持つ思想家だ。そして、サスキア・サッセンとリチャード・セネットは人々の生活や街、地域についての偉大な思想家であり、よりよい世界の実現のために積極的に行動している人たちだ。
これらすべての人々に大きく感謝している。

10. Aldo Rossi, L'Architettura della città [1966], trad. fr. L'Architecture de la ville, Infolio, 2001.（アルド・ロッシ『都市の建築』、大島哲蔵・福田晴虔訳、大龍堂書店）
11. Aldo Rossi, Autobiografia scientifica [1990], trad. fr. Autobiographie scientifique, Parenthèses, 1998.（アルド・ロッシ『アルド・ロッシ自伝』、三宅理一訳、鹿島出版会）
12. アルド・ロッシは、ミラノ工科大学、ヴェネツィア建築大学、スイス連邦工科大学チューリッヒ港、ニューヨーク・クーパー・ユニオンの教授であった。
13. « L'enseignement d'Aldo Rossi », 2014, https://imagesdelaculture.cnc.fr/web/guest/-/l-enseignement-d-aldo-rossi?inheritRedirect=true
14. 国立映画映像センター, 2012, https://imagesdelaculture.cnc.fr/-/hypothese-aldo-rossi-l-

謝辞

1．Marcel Proust, *La Prisonnière* [1923], Gallimard, 1989.（マルセル・プルースト『失われた時を求めて』、吉川一義訳、岩波書店ほか）

jsf?docId=WO2007012707
13. この提案は、「Paris En Commun」グループでの共同研究にて生まれた。また、パリ市長アンヌ・イダルゴが選挙の際、マニュフェストとして採用している。https://annehidalgo2020.com/manifeste-le-programme/
14. シティ・アライアンス、国際連合、ジュネーブ。https://www.citiesalliance.org/
15. Google, Apple, Facebook, Amazon, Microsoft.
16. Baidu, AliBaba, Tencent, Xiaomi.
17. Jacques Priol, Le Big Data des territoires, Éditions Fyp, 2017.
18. Id., Ne laissez pas Google gérer nos villes !, Éditions de L'Aube, 2020.
19. https://www.blocksidewalk.ca
20. 3部作のうち、最初の2作品は、Ce que sait la main. La culture de l'artisanat (2010)（リチャード・セネット『クラフツマン——作ることは考えることである』、高橋勇夫訳、筑摩書房）と、Ensemble. Pour une éthique de la coopération (2014), Albin Michel.
21. Richard Sennett, Bâtir et habiter. Pour une éthique de la ville, Albin Michel, 2019.

結論

1. Centro Studi del Territorio, « Pourquoi Bergame ? Analyser le nombre de testés positifs au Covid-19 à l'aide de la cartographie. De la géolocalisation du phénomène à l'importance de sa dimension territoriale », https://medium.com/anthropocene2050/pourquoi-bergame-5b7f1634eede
2. ユーロスタット, 2019.
3. The Urban Nexus Approach for Analyzing Mobility in the Smart City: Towards the Identification of City Users Networking, https://www.hindawi.com/journals/misy/2018/6294872/
4. J. Lévy, T. P. L. Romany et O. P. Maitre, « Rebattre les cartes. Topographie et topologie dans la cartographie contemporaine », Réseaux, vol. 34, p. 17-52, 2016 ; https://www.cairn.info/revue-reseaux-2016-1-page-17.htm
5. Carlos Moreno, « Cette crise sanitaire est l'occasion de penser la ville du ¼ d'heure », Le Monde, 20 mars 2020, https://www.lemonde.fr/economie/article/2020/03/20/cette-crise-sanitaire-est-l-occasion-de-penser-la-ville-du-quart-d-heure_6033777_3234.html
6. Bruno Cavagné, président de la Fédération nationale des travaux publics, Nos territoires brûlent. Redonner du pouvoir au local, Le Cherche-midi, 2019.
7. 建築界のノーベル賞と呼ばれている。
8. La Tendenza. Architectures italiennes 1965-1985, Centre Pompidou, Dossiers pédagogiques, http://mediation.centrepompidou.fr/education/ressources/ENS-Tendenza/index.html
9. « La typomorphologie, un outil indispensable à la compréhension du territoire », Regards Territoire, n° 89, Agam, décembre 2019, http://agam-int.org/wp-content/uploads/2019/12/89-Typomorphologie.pdf

37. 都市食料政策ミラノ協定の全文を参照http://www.milanurbanfoodpolicypact.org/text/
38. フランスでは、パリ市、マルセイユ市、リヨン市、メトロポール・ド・ボルドー、・メトロポール・ド・モンペリエ、メトロポール・ド・グルノーブル、メトロポール・ド・ナント、そしてジロンド県議会がこの呼びかけに応じている。
39. 2019年モンペリエ宣言、都市食料政策ミラノ協定。http://www.milanurbanfoodpolicypact.org/wp-content/uploads/2019/11/2019.10.10-D%C3%A9claration-de-Montpellier-FR.pdf
40. Rapport Hautreux-Lecour-Rochefort, « Le niveau supérieur de l'armature urbaine française », 1963, Commissariat au Plan.

第8章　ユビキタスな街へ

1. Béatrice Giblin, « Élisée Reclus : un géographe d'exception », Hérodote, no 117, 2005 ; https://www.cairn.info/revue-herodote-2005-2-page-11.htm
2. 自然の資源や人的資源の無際限な搾取を行う社会。風景は荒廃し、大都市は工場や仕事場、スラムで埋め尽くされている。人々の生活は向上することがない。
3. 環境を破壊しないエネルギーを用い、有用性と美、都市圏と自然の景観が調和し、第一次労働市場が発展している社会。
4. 活力に満ちた思想や活気を与えてくれる思想を育む手段。人々が自分の可能性を広げることのできる方法。
5. 人間が地球で十全に暮らすことができるための研究。
6.「葉によって私たちは生きている」とゲデスは言っている。自然とともに、自然に逆らうことなく、常に生命の網（the web of life）と調和した生き方をするべきであるということだ。
7. パトリック・ゲデスに関するルイス・マンフォードのエッセイ。1950年にArchitectural Review誌に掲載された。その後、マンフォードのMy Works and Daysで要約されている。また、Ramachandra Guha, « Lewis Mumford, un écologiste américain oublié », traduit par Frédéric Brun, revue Agone, no 45, 2011からの引用。
8. https://en.wikipedia.org/wiki/Visva-Bharati_University
9. アレクサンダー・フォン・フンボルト（1769〜1859）。ドイツの探検家であり、世界市民、各国のアカデミー会員、人文主義者である。近代地理学の確立者であり、エコロジーの先駆者でもある。私の研究活動に大きな影響を与えてくれた存在であり、私の尊敬する人物である。
10. « Dispositifs d'alertes : Sinovia met au point une AlertBox », L'Usine nouvelle, novembre 2008, https://www.usinenouvelle.com/article/dispositifs-d-alertes-sinovia-met-au-point-une-alertbox.N26947
11. « Supervision : Sinovia présente Plug & View 4.0 », Info Protection, avril 2008, https://www.infoprotection.fr/supervision-sinovia-presente-plug-view-4-0/
12. « Open System for Integrating and Managing Computer-Based Components Representing a Specific Functionality of a Specific Application », International Filing, 26 juillet 2005 ; https://patentscope.wipo.int/search/en/detail.

107.htm
18. Ibid.
19.「人口の95パーセントは都市の影響の及ぶ土地に住んでいる。都市から遠く離れた場所を除いて、「都市」の生活様式は、(都市の中心部から離れていても)ほとんどの場所で支配的となっている」。(Centre d'observation de la société, mars 2019, http://www.observationsociete.fr/population/donneesgeneralespopulation/la-part-de-la-population-vivant-en-ville-plafonne.html)
20. エコロジー移行・地域結束省内のデータ・統計調査部の2020年の発表。2017年を対象とした調査。https://www.statistiques.developpement-durable.gouv.fr/chiffres-cles-du-climat-france-europe-et-monde-edition-2020-0
21. フランスでは、中国の富裕層がぶどう畑や穀物栽培地を購入する例が増えている(例えば、ベリー地方の中心部で1700ヘクタールの畑が中国人によって買われている)。中国の多角的巨大複合企業であるReword Groupは3000ヘクタールもの土地を買い足している。こうしてフランスの生産組合はフランスの土地で生産した小麦粉をReword Groupに供給している。この小麦粉は中国でのパン屋チェーン店計画に利用される。
22. Insee, « Villes et communes de France », 1er janvier 2019, https://www.insee.fr/fr/statistiques/4277602?sommaire=4318291
23. 都市に関する統計上の分類では、人口の少ないコミューンのこと。
24. Insee, « Recensement de la population, 2014 ».
25. « La carte de l'évolution démographique commune par commune », Maire Info, janvier 2018, https://www.maire-info.com/demographie/exclusif-la-carte-de-l'evolution-demographique-commune-par-commune-article-21449
26. https://de.wikipedia.org/wiki/Gemeinde_(Deutschland)
27. https://it.wikipedia.org/wiki/Comune_(Italia)
28. https://www.insee.fr/fr/statistiques/3579442
29. https://www.data.gouv.fr/fr/datasets/agreste-teruti-lucas-utilisation-du-territoire-1/
30. http://www.fao.org/home/fr/
31. La sécurité sociale agricole ; https://www.msa.fr/lfy
32. 地域結束国家庁の研究を参照。Quel équilibre entre les territoires urbains et ruraux ?, août 2018, https://cget.gouv.fr/ressources/publications/quel-equilibre-entre-les-territoires-urbains-et-ruraux
33. Edward O. Wilson, Half-Earth: Our Planet's Fight for Life, New York, Liveright Publishing Corporation, 2016.
34. William Lynn, Biophilic Cities, octobre 2013 ; https://www.williamlynn.net/biophilic-cities/
Biophilic Cities Project, Connecting cities and nature, https://www.biophiliccities.org/
35. https://www.cbd.int/doc/meetings/city/subws-2014-01/other/subws-2014-01-singapore-index-manual-en.pdf
36. 都市食料政策ミラノ協定。http://www.milanurbanfood-policypact.org/

11. Méthodologie, Portes de Paris, « Ville du quart d'heure-territoire de la demi-heure », Transitions urbaines et territoriales, chaire ETI Université Paris I Panthéon-Sorbonne, IAE de Paris, 2019.
12. Voir Carlos Moreno, Vie urbaine et proximités à l'heure du Covid-19, Éditions de l'Observatoire, coll. « Et après ? », juillet 2020.
13. « Le Paris du quart d'heure », Paris En Commun, dossier de presse, 21 janvier 2020, https://annehidalgo2020.com/wp-content/uploads/2020/01/Dossier-de-presse-Le-Paris-du-quart-dheure.pdf
14. Marine Garnier et Carlos Moreno, « La ville du ¼ d'heure et ses concepts : chrono-urbanisme, chronotopie, topophilie », chaire ETI, IAE Paris/Université Paris I Panthéon-Sorbonne, 2020.
15. Voir Anne Durand, « Covid#8 : Du virus mutant à la ville mutable : les possibles de la mutabilité », Topophile, 12 juin 2020.
16. Le livre blanc, Projet Portes de Paris, ville du quart d'heure, territoire de la demi-heure, transitions urbaines et territoriales, chaire ETI, IAE Paris/Université Paris I Panthéon-Sorbonne, 2019.

第７章　大転換

1. Edgar Morin, « Éloge de la métamorphose », Le Monde, 9 jan vier 2010, https://www.lemonde.fr/idees/article/2010/01/09/eloge-de-la- metamorphose-par-edgar-morin_1289625_3232.html
2．Eugène Sue, *Les Mystères de Paris* [1842-1843], Robert Laffont, 2012.（ウージェーヌ・シュー『パリの秘密』、江口清訳、集英社ほか）
3．Edgard Morin et Anne-Brigitte Kern, *Terre-patrie*, op. cit.（エドガール・モラン、アンヌ・ブリジット・ケルン『祖国地球――人類はどこへ向かうのか』、菊地昌実訳、法政大学出版局）
4. https://www.apc-paris.com/cop-21
5. 国連、持続可能な開発目標。https://www.un.org/sustainabledevelopment/fr
6. http://habitat3.org
7. https://www.uclg.org/fr
8. https://www.c40.org
9. https://www.metropolis.org
10. https://www.aimf.asso.fr
11. https://energy-cities.eu/fr
12. http://www.eurocities.eu
13. https://franceurbaine.org
14. https://franceurbaine.org/fichiers/documents/franceurbaine_org/association/presentation/manifeste_mars_2017.pdf
15. Ibid.
16. Insee, « Analyse des flux migratoires entre la France et l'étranger entre 2006 et 2013 » ; https://www.insee.fr/fr/statistiques/1521331
17. https://www.cairn.info/revue-vingtieme-siecle-revue-d-histoire 2004-1-page-

net, 2016, https://www.populationdata.net/2016/06/21/megalopole-delta-de-riviere-perles/
18. Nick Routley, « This is How the Pearl River Delta Has Transformed from Farmland into a Megacity », WEF, août 2018, https://www.weforum.org/agenda/2018/08/megacity-2020-the-pearl-river-delta-s-astonishing-growth/
19. Vlad Moca-Grama, « What is the Randstad ? The Complete Explainer », Dutch Review, février 2020, https://dutchreview.com/culture/randstad-explainer/
20. https://www.stefanoboeriarchitetti.net/en/project/vertical-forest/
21. Comune di Milano, Area Open Data, Unità Statistica, 2016, http://mediagallery.comune.milano.it/cdm/objects/changeme:75132/datastreams/dataStream8700203706415806/content?pgpath=ist_it_contentlibrary/sa_sitecontent/segui_amministrazione/dati_statistici/popolazione_residente_a_milano
22. Milan Population 2020, World Population Review, https://worldpopulationreview.com/world-cities/milan-population
23. https://onenyc.cityofnewyork.us

第6章　近接性の実験

1. Paul Hazard, « Les Français en 1930 ». 1930年2月28日に行われた講演会での発言。
2. Christophe Studeny, « Une histoire de la vitesse : le temps du voyage », dans Michel Hubert, Bertrand Montulet, Christophe Jemelin, et al. (dir.), Mobilités et temporalités, Presses de l'université Saint-Louis, Bruxelles, 2005, p. 113-128.
3. Ibid.
4. Frederick Winslow Taylor, La Direction scientifique des entreprises, Dunod, 1957.
5. Lewis Mumford, Technics and Civilization, Harcourt, Brace & Co, 1934, p. 12-18.（ルイス・マンフォード『技術と文明』、生田勉訳、美術出版社）
6. Id., The City in History, its Origins, its Transformations and its Prospects, Mariner Books, 1968.（ルイス・マンフォード『歴史の都市 明日の都市』、生田勉訳、新潮社）
7. Emily Talen (dir.), « Charter of the New Urbanism », Congress for the New Urbanism/Mc Graw Hill Education, 1999.
8. Torsten Hägerstrand, « Time Geography: Focus on the Corporeality of Man, Society and Environment », dans Shuhei Aida (dir.), The Science and Praxis of Complexity: Contributions to the Symposium held at Montpellier, France, 9-11 May, 1984, United Nations University Press, p. 193-216.
9. François Ascher, Modernité : la nouvelle carte du temps, Éditions de l'Aube/Datar, 2003 ; id., « Du vivre en juste à temps au chrono-urbanisme », Annales de la recherche urbaine, no 77, 1997, p. 112-122.
10. Luc Gwiazdzinski, Quel temps est-il ? Éloge du chrono-urbanisme, 2013 ; id., La ville 24 heures sur 24 : regards croisés sur la société en continu, Pacte, Laboratoire de sciences sociales (2003-2015).

第5章　持続可能な大都市

1. Jean-Paul Roux, Histoire de l'Empire mongol, Fayard, 1993.
2. モンゴル国家統計局、2018年
3. 世界保機関の発表。
4. 1970年から2020年の「アース・オーバー・シュート・デー」の推移。https://www.overshootday.org/newsroom/dates-jour-depassement-mondial/
5. Gerardo Ceballos, Paul R. Ehrlich, Anthony D. Barnosky, Andrés García, Robert M. Pringle et Todd M. Palmer, « Accelerated Modern Human – Induced Species Losses: Entering the sixth Mass Extinction », Science Advances, juin 2015 ; https://advances.sciencemag.org/content/1/5/e1400253
6. Muhammad Yunus, Vers une économie à trois zéros, Lattès, 2017.（ムハマド・ユヌス『3つのゼロの世界――貧困0、失業0、CO2排出0の新たな経済』、山田文訳、早川書房）
7. Augustin Berque, « La mésologie, pourquoi et pour quoi faire ? », Annales de géographie, 2015/5 (no 705), p. 567-579 ; https://www.cairn.info/revue-annales-de-geographie-2015-5-page-567.htm（オギュスタン・ベルク『風土学はなぜ 何のために』、木岡伸夫訳、関西大学出版部）
8. « Leçon inaugurale » à Sciences Po de Bruno Latour, le 28 août 2019, https://www.youtube.com/watch?v=Db2zyVnGLsE&ab_ channel=SciencesPo
9. Laura Cozzi et Apostolos Petropoulos, « Growing Preference for SUVs Challenges Emissions Reductions in Passenger Car Market », IEA, octobre 2019, https://www.iea.org/commentaries/growing-preference-for-suvs-challenges-emissions-reductions-in-passenger-car-market
10. Raymond Campan et Felicita Scapini (dir.), Éthologie. Approche systémique du comportement, chap. i, « Histoire de l'éthologie », De Boeck Supérieur, 2002, p. 9-33 ; https://www.cairn.info/ethologie-9782804137656-page-9.htm
11. Jason W. Moore, Capitalism in the Web Life: Ecology and Accumulation of Capital, Verso, 2015.（ジェイソン・W・ムーア『生命の網のなかの資本主義』、山下範久監訳、東洋経済新報社）
12. 古代ギリシャ語で「家」、「財産」を意味する。
13. デリック・ジェンセンが生み出した概念。デリック・ジェンセンは作家、環境保護活動家であり、ディープ・グリーン・レジスタンスという環境運動の設立者である。
14. Banque mondiale, « Reshaping Economic Geography », 2009, http://documents1.worldbank.org/curated/en/730971468139804495/pdf/437380REVISED01BLIC1097808213760720.pdf
15. Ginerva Rosati, « Urban World : mapping the economic power of cities », The Urban Media Lab., https://labgov.city/theurbanmedialab/urban-world-mapping-the-economic-power-of-cities/
16. Jeff Desjardins, « 35 Chinese Cities With Economies as Big as Countries », Visual Capitalist, novembre 2017, https://www.visualcapitalist.com/31-chinese-cities-economies-big-countries/
17. Graeme Villeret, « Mégalopole du delta de la rivière des Perles », PopulationData.

openedition.org/echogeo/13730
20. Laurence Roulleau-Berger, « Villes chinoises, compressed urbanisation et mondialisations », Métropoles, hors-série 2018 ; http://journals.openedition.org/metropoles/6149
21. André Sorensen, « Tokaido Megalopolis: lessons from a shrinking mega-conurbation », International Planning Studies, vol. 24, no 1, 2019 ; https://doi.org/10.1080/13563475.2018.1514294
22. Andreas Faludi, « The "Blue Banana" Revisited », European Journal of Spatial Development, vol. 56, no 1, 2015.
23. « Population Data Booklet, Global State of Metropolis 2020 », UN-Habitat, 2020, https://www.metropolis.org/sites/default/files/resources/UN-Habitat_Population-Data-Booklet-Global-State-Metropolis_2020.pdf ; United Nations, Departement of Economic and Social Affairs, The 2019 Revision of World Populations Prospects
数字は、https://population.un.org/wpp/に掲載。
24. http://habitat3.org
25. 国の農業分野が他国の投資によって支配されること。
26. « Les chiffres clés du tourisme en France », édition 2018, DGE, 5 avril 2019, https://www.veilleinfotourisme.fr/observatoire-economique/france-statistiques-officielles-nationales/les-chiffres-cles-du-tourisme-en-france-edition-2018.
27. http://www.atout-france.fr/
28. https://www.entreprisesduvoyage.org/
29. Rapport 2015 : http://publications.iom.int/system/files/pdf/wmr 2015_fr.pdf
以下も参照。https://iomfrance.org
30. https://womensmarch.com
31. https://www.pussyhatproject.com
32. Digital Report 2020.
33. Facebook Franceの発表による。
34. Emmanuel Levinas, Autrement qu'être ou Au-delà de l'essence, Le Livre de poche, coll. « Biblio-essais », 1990.（エマニュエル・レヴィナス『存在するとは別の仕方で あるいは存在することの彼方へ』、合田正人訳、朝日出版社）
35. Henri Lefebvre, Le Droit à la ville, Éditions Anthropos, 1968.（アンリ・ルフェーヴル『都市への権利』、森本和夫訳、筑摩書房）
36. Christophe Demazière, « Le traitement des petites et moyennes villes par les études urbaines », Espaces et sociétés, no 168-169, 2017, p. 17-32, DOI : 10.3917/esp.168.0017. https://www.cairn.info/revue-espaces-et-societes-2017-1-page-17.htm
37. Jean-Christophe Fromantin, « Faire des villes moyennes la nouvelle armature territoriale de la France », juillet 2020, http://www.fromantin.com/2020/07/faire-des-villes-moyennes-la-nouvelle-armature-territoriale-de-la-france/

dumas-01807305/document
4. Florian Hertweck, La Querelle des architectes à Berlin (1989-1999). Sur la relation entre architecture, ville, histoire et identité dans la république berlinoise, thèse de doctorat, Université Paris I/Universität Paderbon, 2007.
5. https://gp-investment-agency.com ; https://gp-investment-agency.com/wp-content/uploads/2019/06/GlobalCitiesInvestmentMonitor2019web-compressed.pdf
6. Jean Gottmann, Megalopolis, op. cit.（ジャン・ゴットマン『メガロポリス』、木内信蔵・石水照雄訳、鹿島出版会）
7. Fernand Braudel, Civilisation matérielle, économie et capitalisme (xve-xviiie siècle), Armand Colin, 1979.（フェルナン・ブローデル『物質文明・文明・資本主義』、村上光彦訳、みすず書房）
8. Peter Hall, The World Cities, Weidenfeld & Nicolson, 1966 et 1977 (poche).
9. John Friedmann et Goetz Wolff, « World City Formation: An Agenda for Research and Action », International Journal of Urban and Regional Research, vol. 6, no 3, 1982.
10. https://www.lboro.ac.uk/gawc/
11. Allen J. Scott, Global City-Regions: Trends, Theory, Policy, OUP Oxford, 2001.（アレン・J・スコット『グローバル・シティー・リージョンズ』、坂本秀和訳、ダイヤモンド社）
12. John Rennie Short, « The Liquid City of Megalopolis » dans Documents d'Anàlisi Geografica, no 55, 2009, p. 77-90 ; https://ddd.uab.cat/pub/dag/02121573n55/02121573n55p77.
13. Michelle R. Oswald Beiler, « Sustainable Transportation Planning in the BosWash Corridor », dans Brinkmann R., Garren S. (dir.), The Palgrave Handbook of Sustainability, Palgrave Macmillan, 2018.
14. Herman Kahn et Anthony Wiener dans « The Year 2000 », en 1967 ont aussi imaginé cette mégalopole continue. En réalité, il y en a deux : NorCal et SouthCal, séparées de 615 kilomètres.（ハーマン・カーン、アンソニー・ウイーナー『紀元2000年—33年後の世界』、井上勇訳、時事通信社）。そこには615キロメートル離れた北カルフォルニアと南カルフォルニアが含まれている。
15. http://sites.utexas.edu/cm2/about/what-are-megaregions/
16. https://web.archive.org/web/20100705070713/http://cfweb.cc.ysu.edu/psi/bralich_map/great_lakes_region/great_lakes_megalopolis.pdf
17. Wen Chen et al., « Polycentricity in the Yangtze River Delta Urban Agglomeration (YRDUA): More Cohesion or More Disparities ? », Sustainability, vol. 11, no 11, juin 2019.
18. INALCO, « L'articulation régionale et mégalopole dans le delta du Yangzi », 2015, http://www.inalco.fr/sites/default/files/asset/document/region_urbaine_de_shanghai_-_megalopole.pdf
19. Stéphane Milhaud, « Les petites villes, de nouveaux centres pour le développement territorial chinois », EchoGéo, no 27, 2014 ; http://journals.

21. https://ec.europa.eu/environment/soil/pdf/guidelines/pub/soil_fr.pdf
22. Objectif « zéro artificialisation nette » : Quels leviers pour protéger les sols ?, France Stratégie, juillet 2019, p. 19 ; https://www.strategie.gouv. fr/sites/strategie.gouv.fr/files/atoms/files/fs-rapport-2019-artificialisation juillet.pdf
23. Zygmunt Bauman, La Vie liquide, Éditions du Rouergue, 2006.（ジグムント・バウマン『リキッド・ライフ――現代における生の諸相』、長谷川啓介訳、大月書店）
24. Carlos Moreno, « Climat, quelle empreinte pour nos villes ? », janvier 2017 ; http://www.moreno-web.net/climat-quelle-empreinte-pour-nos-villes/
25. https://www.uclg.org/fr
26. https://www.iclei.org
27. https://www.c40.org
28. https://www.aimf.asso.fr
29. https://www.ccre.org/fr

第3章　都市の複雑性

1. ネアンデルタール人の生活や抽象的思考能力などを明らかにする発見とされている。https://whc.unesco. org/fr/list/1500/
2. Department of Economic and Social Affairs, Population Dynamics, United Nations, World Population Prospects.
3. Timothy Mitchell, Le Pouvoir politique à l'ère du pétrole [2011], La Découverte, traduit de l'anglais par Christophe Jaquet, 2013.
4. Jorge Luis Borges, L'Aleph, Gallimard, 1977.（J.L.ボルヘス『アレフ』、鼓直訳、岩波書店ほか）
5. https://www.amap.no/documents/download/2987/inline
6. Part de la population rurale dans la population totale en France de 2006 à 2018, Statista, https://fr.statista.com/statistiques/473813/population-rurale-en-france/
7. « Half the World's Population Lives in Just 1 % of the Land », Metrocosm, 4 janvier 2016, http://metrocosm.com/world-population-split-in-half-map/
8. アメリカ北東部の工業地帯。
9. Jean Gottmann, Megalopolis: The Urbanized Northeastern Seaboard of The United States, Literary Licensing, Whitefish, 2012.（ジャン・ゴットマン『メガロポリス』、木内信蔵・石水照雄訳、鹿島出版会）
10. Edgar Morin, Introduction à la pensée complexe, Seuil, 1990.（エドガール・モラン『複雑性とはなにか』、古田幸男・中村典子訳、国文社）

第4章　都市に生きる権利

1. Joël Luguern, Pierre Barouh. L'éternel errant, Jacques Flament Éditions, 2014.
2. Éléonore Muhidine, « D'un passé encombrant à l'utopie urbaine : poids mémoriel et perspectives pour Berlin », 2015 ; https://hal.archives-ouvertes.fr/halshs-01246231
3. Clémence Mahé, « La marge urbaine à Berlin : quel rôle dans la construction de la ville ? Architecture, aménagement de l'espace », 2011 ; https://dumas.ccsd.cnrs.fr/

5. https://e4a-net.org/2017/11/29/welcome-to-the-molysmocene/
6. Augustin Berque, Écoumène. Introduction à l'étude des milieux humains, Belin, 2016.（オギュスタン・ベルク『風土学序説―文化をふたたび自然に、自然をふたたび文化に』、中山元訳、筑摩書房）
7. Edgard Morin et Anne-Brigitte Kern, Terre-patrie, Seuil, 1993.（エドガール・モラン、アンヌ・ブリジット・ケルン『祖国地球――人類はどこへむかうのか』、菊地昌実訳、法政大学出版局）
8. 気候変動に関する政府間専門家グループ。1988年に設立。国際連合加盟国の全ての国に門戸を開いており、現在は195か国が加盟している。www.ipcc.ch
9. « Résumé aux décideurs », dans GIEC, Changement climatique 2014 : impacts, adaptation et vulnérabilité, 2014.
10. Emmanuelle Cadot et Alfred Spira, « Canicule et surmortalité à Paris en août 2003. Le poids des facteurs socio-économiques », Espace urbain et santé, 2006/2-3, p. 239-249 ; https://journals.openedition.org/eps/1383
11. Nations unies, Action Climat, https://www.un.org/fr/climatechange/cities-pollution.shtml
12. « Trends in Atmospheric Carbon Dioxide », Mauna Loa Observatory, Global Monitoring Laboratory ; https://www.esrl.noaa.gov/gmd/ccgg/trends/
13. « Consumption-Based GHG Emissions of C40 Cities », C40 Cities, 2018 ; https://www.c40.org/researches/consumption-based-emissions
14. Carlos Moreno, « Canicule : non, on ne peut pas télécharger la fraîcheur ! », La Tribune, 28 juin 2017 ; https://www.latribune.fr/regions/smart-cities/la-tribune-de-carlos-moreno/canicule-non-on-ne-peut-pas-telecharger-la-fraicheur-741718.html
15. Stéphane Hallegatte, Colin Green, Robert J. Nicholls et Jan Corfee-Morlot, « Future Flood Losses in Major Coastal Cities », Nature Climate Change, 18 août 2013 ; https://www.nature.com/articles/nclimate1979
16. Stéphane Hallegatte, Mook Bangalore, Laura Bonzanigo, Marianne Fay, Tamaro Kane, Ulf Narloch, Julie Rozenberg, David Treguer, et Adrien Vogt-Schilb, Shock Waves: Managing the Impacts of Climate Change on Poverty, World Bank Group, 2016 ; https://openknowledge. worldbank.org/handle/10986/22787
17. 死者の大半は地震、津波によるものであるが（56パーセント）、頻度が最も多いのは、洪水、台風、干ばつ、熱波などの水に関する大気現象に関する災害である。これらの災害の被害を受けた人の割合は全体の63パーセント、経済的損失を受けた人は71パーセントである（Pascaline Wallemacq et Rowena House, « Economic Losses, Poverty & Disasters [1998-2017] », UNDRR and CRED Report, 2018）。
18. Stéphane Hallegatte, Jun Rentschler et Julie Rozenberg, Lifelines: The Resilient Infrastructure Opportunity, World Bank Group, 2019 ; https://openknowledge.worldbank.org/handle/10986/31805
19. https://worldurbanparks.org
20. https://iiasa.ac.at/web/home/research/Flagship-Projects/Global-Energy-Assessment/Home-GEA.en.html

3-17.
9. Saskia Sassen, The Global City. New York, London, Tokyo, Princeton University Press, 1991.（サスキア・サッセン『グローバル・シティ』、伊豫谷登士翁監訳、筑摩書房）
10. World Economic Forum (WEF): https://www.weforum.org/
11. 2019年12月、ブラジル国家統計局の調査より。
12. サスキア・サッセンとエドガール・モランとの討論。« L'éco-complexité de la Cité », La Tribune /Live in a Living City, 29 novembre 2015 ; https://www.youtube.com/watch?v=jH4yvYfe1Rc
13. http://www.un.org/sustainabledevelopment/fr/objectifs-de-developpement-durable/ ; https://www.undp.org/content/undp/fr/home/sustainable-development-goals/goal-11-sustainable-cities-and-communities.html
14. ONU-Habitat III, à Quito, du 17 au 20 octobre 2016, http://habitat3.org/wp-content/uploads/NUA-French.pdf
15. Tableau de bord de la population mondiale, Fonds des Nations unies pour la population (FNUAP), https://www.unfpa.org/data/world-population-dashboard
16. World Urbanization Prospects 2018, Highlights, DESA Population Division, United Nations, https://population.un.org/wup/Publications/Files/WUP2018-Highlights.pdf
17. Eurostat, « Urban Europe– Statistics on Cities, Towns and Suburbs », 2014. https://ec.europa.eu/eurostat/documents/3217494/7596823/KS-01-16-691-EN-N.pdf/0abf140c-ccc7-4a7f-b236-682effcde10f
18. « The Global 750 : Forecasting the Urban World to 2030 », Oxford Economics Report, 2018.
19. 以下のエッセイを参照。Nassim Nicholas Taleb, Le Cygne noir. La puissance de l'imprévisible, Les Belles Lettres, 2008.（ナシーム・ニコラス・タレブ『ブラックスワン—不確実性とリスクの本質』、望月衛訳、ダイヤモンド社）
20. Jane Jacobs, Déclin et survie des grandes villes américaines, Éditions Parenthèses, 2012.（ジェイン・ジェイコブズ『アメリカ大都市の死と生』、山形浩生訳、鹿島出版会）

第２章　気候への課題

1. Gabriel García Márquez, Chronique d'une mort annoncée, Grasset, 1981.（G. ガルシア・マルケス『予告された殺人の記録』、野谷文昭訳、新潮社）
2. Paul J. Crutzen et Eugene F. Stoermer, « The Anthropocene », Global Change. NewsLetter, no 41, 2000, p. 17-18 ; http://www.igbp.net/download /18.316f1832 1323470177580001401/1376383088452/NL41.pdf
3. Anthropocène, https://fr.wikipedia.org/wiki/Anthropocène
4. Patricia L. Corcoran, Charles J. Moore et Kelly Jazvac, « An Anthropogenic Marker Horizon in the Future Rock Record », The Geological Society of America, GSA Today, vol. 24, no 6, juin 2014 ; https://www.geosociety.org//gsatoday/archive/24/6/pdf/i1052-5173-24-6-4.pdf

原 注

はじめに

1. « Fabrication des villes de demain: méthode d'approche d'un territoire dans sa complexité urbaine », Association « Rêves de Scènes Urbaines », chaire ETI-Université Paris I Panthéon-Sorbonne, IAE de Paris, Maison des Sciences de l'Homme du Nord, 14 septembre 2018.
2. 古代に集団を形成していた例としては、ウルク、ウル、バビロン、メンフィス、スキュトポリス、デカポリス、ヴァーラーナシー、ハラッパー、バルフ、周、テオティワカン、エトルリア・ドデカポリスなどがある。
3. Charles Delfante, *Grande histoire mondiale de la ville, de la Mésopotamie aux États-Unis*, Armand Colin, 1997.
4. Aristote, *La Politique*.（アリストテレス『政治学』、山本光雄訳、岩波書店ほか）
5. Thomas More, *De optimo Reipublicae statu deque nova insula Utopia libellus vere aureus, nec minus salutaris quam festivus, Du meilleur état de la chose publique et de l'île nouvelle d'Utopie, un précieux petit livre non moins salutaire que plaisant*, Louvain, 1516.（トマス・モア『ユートピア』、平井正穂訳、岩波書店ほか）
6. ギリシャ語で「場所」を意味する。
7. Carlos Moreno, « 500 ans après la publication d'*Utopie*, hommage à Thomas More », *La Tribune*, 21 décembre 2016 ; https:// www.latribune.fr/regions/smart-cities/la-tribune-de-carlos-moreno/500-ans-apres-la-publication-de-utopie-hommage-a-thomas-more-625743.html

第1章　生きている都市

1. Italo Calvino, Les Villes invisibles [1972], Seuil, 1974.（イタロ・カルヴィーノ『見えない都市』、米川良夫訳、河出書房新社）
2. 数百から数万ヘクタールに及ぶ大農地。開発が立ち遅れている場合も多い。農業だけではなく、牧畜にも利用されている。
3. 1979年9月、私はフランス難民・無国籍者保護局（Ofpra）から難民認定を受けた。
4. Italo Calvino, Les Villes invisibles, op. cit.（イタロ・カルヴィーノ『見えない都市』）
5. Auguste Perret, Contribution à une théorie de l'architecture, Cercle d'études architecturales/André Wahl, 1952.
6. Clara Schreiner, « International Case Studies of Smart Cities. Rio de Janeiro, Brazil », Inter-American Development Bank, juin2016; https://publications.iadb.org/publications/english/document/International-Case-Studies-of-Smart-Cities-Rio-de-Janeiro-Brazil.pdf
7. 「……そして皆、洞窟のワインを飲み、道々でビスケットを頬張りながらさまよい歩いた。俺はといえば、躍起になって場所と方法を見つけ出そうとしていた」» (Arthur Rimbaud, Les Illuminations, extrait du poème Vagabonds.)（アルチュール・ランボー『ランボー全詩集』、宇佐美斉訳、筑摩書房ほか）。
8. Gordon Childe, « The Urban Revolution », The Town Planning Review, no 21, p.

れ

わ

と

す

せ

そ

た

ち

つ

て

索　引

著者略歴
カルロス・モレノ（Carlos Moreno）
IAE パリ・パンテオン・ソルボンヌ大学の「アントレプレナーシップ、領土、イノベーション」講座の共同創設者であり、同講座の准教授。アンヌ・イダルゴ・パリ市長をはじめ、世界中の著名人に助言を与えている。アカデミー・フランス建築協会より 2019 年プロスペクティブ・メダルを授与された。

訳者略歴
小林重裕（こばやし・しげひろ）
1979 年生まれ。フランス語翻訳家。國學院大學文学部哲学科卒業。
訳書にミシェル・エルチャニノフ著『ウラジーミル・プーチンの頭のなか』（すばる舎）、ナタリー・サルトゥー＝ラジュ『借りの哲学』（共訳・太田出版）、ジャン＝ガブリエル・ガナシア『虚妄の AI 神話「シンギュラリティ」を葬り去る』（共訳・早川書房）、オリヴィエ・レイ『統計の歴史』（共訳・原書房）がある。

15 分都市《ふんとし》—人《ひと》にやさしいコンパクトな街《まち》を求《もと》めて
2024 年 9 月 10 日　第 1 刷発行

著者　カルロス・モレノ
翻訳　小林重裕

発行者　富澤凡子
発行所　柏書房株式会社
東京都文京区本郷 2-15-13（〒 113-0033）
電話（03）3830-1891［営業］
（03）3830-1894［編集］

装丁　柳川貴代
DTP　株式会社キャップス
印刷　萩原印刷株式会社
製本　株式会社ブックアート

ISBN978-4-7601-5571-2　C0052